MEIO AMBIENTE & ECOVILAS

Dados Internacionais de Catalogação na Publicação (CIP)
(Jeane Passos Santana – CRB 8ª/6189)

Capello, Giuliana
    Meio ambiente & ecovilas / Giuliana Capello; prefácio Marina Silva. – São Paulo : Editora Senac São Paulo, 2013. – (Série Meio Ambiente, 21 / Coordenação José de Ávila Aguiar Coimbra).

    Bibliografia.
    ISBN 978-85-396-0385-5

    1. Ciências ambientais 2. Meio ambiente 3. Ecovilas I. Coimbra, José de Ávila Aguiar. II. Silva, Marina. III. Título. IV. Série.

13-118s   CDD-363.7

Índices para catálogo sistemático:

1. Ciências ambientais : Ecovilas   363.7

MEIO AMBIENTE & ECOVILAS

GIULIANA CAPELLO

ORGANIZADOR:
JOSÉ DE ÁVILA AGUIAR COIMBRA

Editora Senac São Paulo – São Paulo – 2013

ADMINISTRAÇÃO REGIONAL DO SENAC NO ESTADO DE SÃO PAULO
Presidente do Conselho Regional: Abram Szajman
Diretor do Departamento Regional: Luiz Francisco de A. Salgado
Superintendente Universitário e de Desenvolvimento: Luiz Carlos Dourado

Editora Senac São Paulo
Conselho Editorial: Luiz Francisco de A. Salgado
Luiz Carlos Dourado
Darcio Sayad Maia
Lucila Mara Sbrana Sciotti
Jeane Passos Santana

Gerente/Publisher: Jeane Passos Santana (jpassos@sp.senac.br)
Coordenação Editorial: Márcia Cavalheiro Rodrigues de Almeida (mcavalhe@sp.senac.br)
Thaís Carvalho Lisboa (thais.clisboa@sp.senac.br)
Comercial: Marcelo Nogueira da Silva (marcelo.nsilva@sp.senac.br)
Administrativo: Luís Américo Tousi Botelho (luis.tbotelho@sp.senac.br)

Edição de Texto: Adalberto Luís de Oliveira
Preparação de Texto: Camila Marques de Andrade
Revisão de Texto: Luiza Elena Luchini (coord.), Globaltec Editora Ltda.
Capa: João Baptista da Costa Aguiar
Editoração Eletrônica: Antonio Carlos De Angelis
Impressão e Acabamento: Intergraf Indústria Gráfica Ltda.

Proibida a reprodução sem autorização expressa.
Todos os direitos desta edição reservados à
Editora Senac São Paulo
Rua Rui Barbosa, 377 – 1º andar – Bela Vista – CEP 01326-010
Caixa Postal 1120 – CEP 01032-970 – São Paulo – SP
Tel. (11) 2187-4450 – Fax (11) 2187-4486
E-mail: editora@sp.senac.br
Home page: http://www.editorasenacsp.com.br

© Giuliana Capello, 2013

SUMÁRIO

Nota do editor, 7
Apresentação – *José de Ávila Aguiar Coimbra*, 9
Prefácio – *Marina Silva*, 19
Introdução, 27

Em busca de uma definição de ecovilas, 37
    Cohousings: as primeiras ecovilas, 48
    O nascimento de uma rede de ecovilas, 54
    Condomínio ecológico ou ecovila?, 61
    Os cinco pilares das ecovilas, 67
    A experiência brasileira, 76

Por um novo modelo de assentamento humano, 85
    Designers de comunidades sustentáveis, 91
    Um olhar sobre a construção civil, 97
    Qualidade ambiental das construções, 104
    Bioconstrução: habitações saudáveis e
        mais leves para o planeta, 107

Autonomia para construir um lar, 117
Uma breve apresentação de algumas técnicas de bioconstrução, 125
Reflexões sobre água, esgoto e energia, 133

Por uma agricultura (e uma dieta) que respeite a vida, 145
Em busca de autossuficiência alimentar, 155
Experiências que vão além das fronteiras das ecovilas, 161
Slow food e a conquista de dietas mais sustentáveis, 166

Por uma vida mais simples e abundante, 171
A riqueza da simplicidade voluntária, 174
Ecovilas e o prazer das coisas simples, 180

Por um outro imaginário para a humanidade, 187

Bibliografia, 197
Sobre a autora, 199

NOTA DO EDITOR

O tema *meio ambiente*, obrigatório na discussão dos destinos do planeta, é desses que todos os dias estão nas páginas dos jornais e na voz dos noticiários de rádio e TV, dada a permanente evidência em que se mantém. Acompanhá-lo, saber de seu alcance e implicações, acrescentar argumentos na medida da importância a que faz jus é dever de todas as pessoas conscientes da sociedade em que vivem.

Diante da crise econômica, social, política e, consequentemente, ambiental que estamos vivendo, torna-se imperativa a consciência de que o planeta não pode estar a serviço da satisfação de desejos humanos que, no final das contas, são essencialmente consumistas. O grande desafio, nesse sentido, é o questionamento dos valores sobre o que somos e qual o nosso lugar na natureza.

Os projetos das ecovilas são, assim, uma tentativa de reorganizar os vários aspectos da vida em sociedade de forma que o impacto da presença humana no planeta seja o menor possível, buscando a simplicidade como marca maior de sua luta.

É um novo título da Série que o Senac São Paulo propõe para a compreensão do mundo contemporâneo.

APRESENTAÇÃO

Chegamos ao vigésimo primeiro título da Série Meio Ambiente publicada pela Editora Senac São Paulo. Ele se ocupa de *Meio Ambiente & ecovilas* e, com certeza, soará como novidade para leitores não habituados a pensar em assentamentos humanos caracterizados por organizações e formas de vida alternativas. Acostumamo-nos com aldeias, vilas e cidades enquadradas nos desenhos tradicionais, existentes na maior parte do espaço construído no planeta Terra.

A *ecovila*, cuja concepção e organização Giuliana Capello nos desvenda, é mais um passo, uma tentativa do espírito humano de propor um modo de viver de acordo com o espaço social que ele concebe, na busca de um "paraíso" possível no dia a dia. No decorrer de milênios, os assentamentos humanos passaram das habitações em cavernas às construções engenhosas de nossos dias. Percorreram mil e uma formas de moradias, outras tantas formas de organizar o espaço para as atividades de sobrevivência e a produção de excedentes para troca. Enfim, as transformações por que passaram os espaços habitados e os ambientes construídos para atender às necessidades dos humanos.

O que se verifica nessa história milenar é a estreita união do homem com o seu entorno imediato, uma quase identificação com o espaço patriarcal naqueles longos primeiros tempos. Hoje, no entanto, o homem é praticamente confinado em seu espaço urbano de tal forma que se submete às organizações que lhe são impostas, numa submissão resignada ante as normas compressoras e despersonalizantes que as cidades maiores impõem aos seus moradores. Felizmente, o espírito humano é dotado de certo grau de rebeldia, maior ou menor, que lhe permite sair (literalmente sair) em busca de um ambiente propício à convivência, ao intercâmbio de valores, à organização melhor de seu cotidiano; enfim, à sua realização como pessoa e concidadão.

Nas Escrituras Sagradas (*Carta aos Hebreus*, atribuída ao apóstolo Paulo, 13, 14) consta uma advertência: "Não temos aqui cidade permanente, mas buscamos a futura". A cidade ideal permanece no ideal, as sucessivas gerações buscam sempre um ideal à frente, aquilo que é possível realizar sem impedir que o ideal de hoje ainda aponte para mais longe. A história da humanidade foi sempre assim, confirmando que não podemos contentar-nos com o que simplesmente está feito. Nossas cidades ainda continuam em questionamento desde os inícios da modernidade, após o Iluminismo e a Revolução Francesa.

Algumas páginas da literatura moderna, a partir do início do século XIX, descrevem as cidades que nasceram com a burguesia e a sociedade capitalista profundamente desajustada. Vale pinçar algumas dessas referências que reproduzem impressões válidas, retrato de espíritos questionadores perante as novidades surpreendentes que prenunciavam o futuro da sociedade humana.

O escritor russo Nicolai Gogol (1809-1852) perambulava pela avenida Niévski, em São Petersburgo, símbolo da então modernidade, e pontuava: "Oh, não acredito nesta avenida Niévski. Sempre que caminho por ela protejo-me melhor com a minha capa e tento não olhar para nada com o que deparo. É tudo um embuste, uma ilusão, nada é aquilo que parece ser."[1] E ele estava no esplendor da era dos czares!... Sua reação não difere muito da nossa ante os aparatos e a suntuosidade de avenidas empresariais e shopping centers, se os nossos olhos pudessem ver além das aparências.

Charles Baudelaire, conhecido poeta francês (1821-1867), lamentava nestes versos: "Foi-se a velha Paris. De

---
[1] Nicolai Gogol, *apud* Marcos Antônio de Menezes, *Olhares sobre a cidade* (São Paulo: Editorial Cone Sul, 2000), p. 13.

uma cidade a história/ Depressa muda, mais que um coração infiel."[2] Baudelaire tinha uma visão pessimista da vida, como transparece de suas obras. Por outro lado, era bastante ligado ao escritor norte-americano Edgar Allan Poe (1809-1840), conhecido por seus contos de terror.

Diz Poe, ao dar-se conta do estado de alma dos moradores das grandes cidades que conhecia: "... sua melancolia não procede da razão, nem da moral e sim da solidão em que a metrópole enclausurou cada um dos seus milhares ou milhões de habitantes."[3] É um "mar de cabeças humanas", ondas que vão e voltam. O imediatismo e as correrias da vida urbana perturbavam os espíritos e estressavam as pessoas. Em certa altura de seu conto, Poe se interroga: "Seria um criminoso que tem horror à solidão? Seria um imbecil que não consegue suportar a si mesmo?".[4]

E desses autores partem expressões como "balé frenético da população", "a cidade parece reger a vida de suas vítimas", "um riacho sem água", "novas formas de beleza e monstruosidade criadas pela modernização", "a multidão como algo ameaçador", "mar tumultuoso de cabeças humanas" e assim por diante.

Ainda no século XIX e deixando o mundo dos poetas e contistas, Friedrich Engels (1820-1895) parte do ponto de

---

[2] Charles Baudelaire, "O cisne", *ibid.*, p. 24.
[3] Edgar Allan Poe, "O homem da multidão", *ibid.*, p. 40.
[4] *Ibid.*, p. 41.

vista da composição social. "Para ele, o processo de modernização industrial propiciou a alienação do homem de sua própria condição humana. A multidão é, aqui, a representação moderna da despersonalização e desumanização."[5] E, a partir de Engels e de outros doutrinadores sociais, as cidades modernas – notadamente, as grandes metrópoles – são organismos complexos, até certo ponto misteriosos, quase incontroláveis, cabeças anencéfalas que nos impõem um modo de vida. Mais ainda, um modo de pensar e de agir, de sentir e amar. Seria infindável a abordagem desse tema em tal tipo de literatura.

Entendi que esse pálido panorama de fundo ensejaria uma reflexão sobre a proposta das ecovilas, numa visão de antípoda. Na verdade, esse contraste é demasiado grande, podendo até chegar ao extremo de chocar as pessoas. Não importa: a busca de modelos, o desejo de realização pessoal em esquemas alternativos e a "perseguição" da própria felicidade pessoal não seguem por bitolas fixas. Mas, como bem adverte Giuliana Capello, a opção de alguns não significa que o mundo deva transformar-se numa ecovila... Essa visão é dada a quem quer vê-la.

Consideremos agora como a proposta das ecovilas pode atender às expectativas de muitas pessoas e, ao mesmo tempo, direcionar as suas relações com o meio ambiente do qual fazem parte integrante.

---
[5] Marcos Antônio de Menezes, cit., p. 50.

Desde logo, a proposta das ecovilas parece responder a um apelo ancestral: o apelo da natureza, a volta ao seio da Terra-Mãe, a nossa "consanguinidade" com os vegetais e os minerais. Culturas chamadas arcaicas – entre elas a cultura indígena brasileira –[6] enfatizam esses vínculos que igualmente são descritos na famosa "Carta do Cacique Seattle". É a visão de um conjunto solidário de seres que compõem o ecossistema terrestre. Nem sempre esse apelo ancestral é explícito, nem sequer imaginado.

É oportuno repetir que as ecovilas são amostras de assentamentos humanos e vida comunitária – não constituem uma "saída" universal. Trata-se de um empreendimento de certa complexidade, fruto de uma opção grupal e comunitária ou de uma filosofia de vida, uma entre tantas que marcam a sociedade ocidental moderna e pluralista. Sob essa ótica, a ecovila é um ideário e uma pedagogia.

A explosão das cidades veio em detrimento do campo, apesar de ser o campo o sustentáculo das cidades. Nossas cidades são marcadas enfaticamente pelo fenômeno da urbanização (fator quantitativo) que acumula e adensa populações, sem a indispensável contrapartida do urbanismo (fator qualitativo) que regula o uso do espaço urbano e cria condições favoráveis para a qualidade de vida e as funções da cidade.

---

[6] Ver Daniel Munduruku, *O banquete dos deuses* (São Paulo: Angra, 2000).

Elas são vítimas da ausência crônica de planejamento e da especulação imobiliária, cada dia mais feroz.

Lembro-me, na época de estudos na França, da experiência das "cidades novas" que surgiam nos arredores de Paris com o intuito de proporcionar novas formas de organização do espaço e de convivência humana. Horríveis! Sarcelles, um aglomerado disforme e opressivo na época.

Outra dessas cidades era estritamente árida, pintada em tonalidades bizarras; não tinha árvores vivas, porém, nalgum canto imprevisto, estava uma árvore pintada na parede, pálido sinal de vida. As pessoas não circulavam, mas se esgueiravam por quinas e esquinas. Não sei como Sarcelles, aquela outra cidade, e outras ainda, se encontram décadas depois.

Mas havia ainda uma experiência da moda que procurava introduzir um princípio de vida comunitária: eram as famosas HLM (habitats à loyer modéré – habitações de aluguel moderado), uma espécie de BNH e cooperativa habitacional. O individualismo francês tinha dificuldade em ceder espaço a moradias condicionadas a autogestão e ensaios de vida comunitária. Blocos de vários andares, não espigões, porém horizontais, equipados com seu "atelier de bricolage" (salões no piso inferior para a prática conjunta de *hobbies* e criações pessoais) idealizado sobretudo para a convivência da população jovem. À época, essas HLMs eram uma experiência hesitante; decorridas algumas décadas, não sei hoje como se encontram.

Já as ecovilas (as mais antigas se encontram no Reino Unido) representam iniciativa exitosa, embora de propagação mais lenta. Na própria França há várias delas, bem-sucedidas e modelares, que criam ambientes mais espontâneos e favorecem as iniciativas e a participação dos moradores, em consonância com os propósitos com que foram criadas. Algumas encontram-se próximas aos perímetros urbanos. Além disso, as ecovilas preocupam-se com o próprio entorno, como se pode verificar no Brasil, além de desenvolverem ideias e práticas ecocêntricas em reação ao antropocentrismo burguês que saqueia o planeta.

Cito, para exemplificação, itens relevantes do trabalho de Giuliana: a prática da simplicidade voluntária, a economia solidária, a autonomia energética e alimentar, a partilha de poder e a resolução de conflitos, a produção de arte e de cultura, a espiritualidade e a ciência. Note-se ainda que as habitações na ecovila são reflexos de valores, discursos e práticas.

Percorremos assim, rapidamente, a trajetória de nossos assentamentos humanos desde o início da cidade moderna, passando pelas nossas cidades e metrópoles caóticas, em busca de um protótipo, e atingimos a proposta das ecovilas como uma alternativa de encontrar um espaço social e uma forma de vida satisfatórios.

Por essas e outras razões, o livro de Giuliana Capello é uma iniciação feliz, um panorama completo. Ele aproxima de nós um ideal distante, uma forma alternativa de viver e realizar-se. O leitor se dará conta, por si mesmo, dessa pequena "revolução cultural" de grande efeito. O trabalho manifesta domínio do assunto, comprometimento com a causa e um estilo preciso, graças à excelente formação da autora. A ela, agradecemos por esse feito.

José de Ávila Aguiar Coimbra

PREFÁCIO

A simplicidade é virtude rara e cada vez mais necessária. A humanidade só conseguirá superar a crise civilizatória que vive neste tempo se for capaz de livrar-se da ansiedade tóxica do consumo compulsivo, exacerbado, insaciável, que destrói em uma década o que a natureza leva séculos para produzir. Para isso, a medida certa é a da qualidade, não a de quantidade. O sustentável não é o muito, é o bem.

A pergunta que se faz, como pode a simplicidade sustentar 7 bilhões de seres humanos?, deve ser invertida: como abrigar e alimentar a todos se não for com simplicidade? Essa compreensão essencial iluminou o pensamento e o trabalho de milhares de pioneiros que viveram, no século XX, uma utopia que talvez nem o século XXI consiga realizar: a sustentabilidade da civilização humana neste planeta de recursos abundantes, porém finitos.

Com todas as suas incertezas, o futuro depende da prospecção que esses pioneiros realizam para encontrar novas formas de viver, reorganizando o trabalho, a habitação, a saúde, as tecnologias e todos os aspectos da organização social a partir de uma ideia, um conjunto de valores, uma compreensão comum sobre o mundo e a condição humana.

Essa é, no final das contas, a chave para interpretar cada experiência como uma tentativa de encontrar um sistema de valores que defina a justa medida humana. A crise que enfrentamos é econômica, social, ambiental e política, mas é, sobretudo, uma crise de valores derivada de uma inadequada percepção do ser humano a respeito de si mesmo e de seu lugar na natureza.

Podemos resumir a crise numa formulação: o processo civilizatório de base antropocêntrica levou o homem a reduzir a natureza e torná-la objeto, coisa a serviço de seus crescentes e multiplicados desejos. Eis a importância da simplicidade como um ato humano de despir-se desta pesada fantasia.

Utopia de nosso tempo, a sustentabilidade repete esse ato em cada tentativa de realizar-se. Diferente das utopias anteriores, não busca um poder central a partir do qual pode se impor à sociedade. Compreende que seu poder é espalhar-se, diluir-se, compartilhar-se. Seu princípio, portanto, é a reinvenção e a recuperação da comunidade.

Comunidades sustentáveis são a realização desse novo ideal e brotaram aos milhares desde que, na segunda metade do século XX, as grandes cidades começaram a dar sinais da grande crise que hoje se mostra por inteiro. Comunidades antigas que se ressignificam, comunidades novas que brotam em áreas rurais, comunidades que surgem até mesmo nos espaços das grandes cidades. A maioria não subsiste por muito tempo, mas o sonho vai adiante, atravessa gerações, entra no novo século, atualiza-se na progressão das mudanças ambientais, diversifica-se na globalização cultural, intensifica-se no agravamento dos problemas sociais, renova-se na turbulência econômica. Enfim, a crise não enfraquece o sonho, parece torná-lo ainda mais forte.

Ao revelar formas variadas, o sonho ganha também muitos nomes. Ecovila é um deles e tem o dom de sintetizar suas ideias fundamentais: ecologia é muito mais que o meio ambiente físico, significa a riqueza das relações sistêmicas da vida; vila é o agrupamento urbano que ainda se mantém na escala humana, comunitária. O nome é simples, como a proposta de vida que expressa.

Essas reflexões não são pessoais nem recentes. Venho recolhendo-as ao longo de minha vida, desde que o movimento socioambiental se tornou o grande rio onde navego. Encontro-as no pensamento de muitos autores, ativistas, pesquisadores de diversas origens. São ideias que constituem um programa de mudanças, um conjunto de propostas, campanhas e bandeiras que tenho ajudado a propagar há, pelo menos, trinta anos.

Aqui, neste livro maravilhoso, encontrei essas ideias expressas de forma direta e clara. Mais uma mostra de que a simplicidade é o produto longamente trabalhado do conhecimento que se torna sabedoria. A descrição dispensa a argumentação. Basta mostrar como as coisas são feitas, de onde se originam, a quais problemas buscam resolver, quando conseguem e quando fracassam. E assim vai surgindo a compreensão de que as ecovilas, em sua simplicidade, respondem a necessidades profundas e complexas da civilização humana, não como uma panaceia ou mais uma ilusão, mas como uma possibilidade real, uma experiência viva.

A virtude deste trabalho, a meu ver, só é possível porque sua autora vive o que prega. Coerente com seu sonho, Giuliana Capello construiu sua casa numa ecovila e escreve sobre o que conhece na teoria e na prática. O compartilhamento de sua experiência é uma importante contribuição ao movimento socioambiental e à luta para que o ideal da sustentabilidade se torne real.

Marina Silva
Ambientalista, professora de história,
ex-ministra do Meio Ambiente
(1994-2008) e ex-senadora pelo
Acre (1994-2011).

"Não é sinal de saúde estar bem ajustado a uma sociedade profundamente doente."
Jiddu Krishnamurti

A todas as pessoas que amam a Terra como a si mesmas.
A Edilson, Olga, Aroldo, Maria do Carmo, Mariana, Luana e a todos os amigos da Ecovila Clareando, com amor e gratidão.

INTRODUÇÃO

Pouco mais de dez anos atrás, quando ouvi pela primeira vez a palavra "ecovila", uma curiosidade imensa despertou dentro de mim. Desde o primeiro instante passei a imaginar como seria um lugar assim. Povoavam minha mente paisagens de pessoas trabalhando e se divertindo em grupo, de crianças brincando em hortas encantadoras, de bicicletas no lugar de carros e de casas coloridas e criativas, com jardins floridos interligando-as (nada de muros ou quaisquer traços da "arquitetura do medo", com seus portões, grades, cadeados enormes e câmeras de monitoramento e segurança sisudos). Essas imagens aumentavam meu desejo de conhecer mais sobre o assunto.

Inevitável foi, à época, a lembrança da infância no interior, que me permitiu brincar na rua, conhecer cada criança do bairro pelo nome, circular pela cidade de bicicleta, subir em árvores, tomar deliciosos banhos de chuva na companhia de minha irmã, cumprimentar espontaneamente os desconhecidos que cruzavam meu caminho nas calçadas, enfim, experimentar uma vida mais ligada ao lugar e às pessoas, e esses aspectos passaram a fazer parte de um imaginário quase imediato que criei, então, acerca das ecovilas.

Mais tarde, morando em São Paulo e trabalhando como jornalista, a falta que senti daquela vida mais comunitária, por assim dizer, disparou-me a vontade de resgatar alguns valores e práticas perdidos em meio ao cinza dos edifícios e do asfalto que me rodeava – eu queria descobrir novas formas de viver neste que é nosso único planeta. As relações fragmentadas e superficiais, os deslocamentos estressantes no trânsito e a falta marcante de natureza, de tempo e de razões que pudessem justificar aquele cenário já, para mim, tão vazio de sentido, lançaram-me a questionamentos importantes: ainda seria possível sonhar com uma cidade mais amigável para se viver? O que fazer para tornar as relações sociais mais profundas e permeadas de confiança? Como restaurar o verde e o cantar dos pássaros em nossas janelas e nossos quintais? Como tornar nosso trabalho mais agradável, menos impactante para a Terra e, ao mesmo tempo, mais significativo para a sociedade? E, no fim, como sonhar com tantas mudanças em um mundo que parece tão arisco a caminhos alternativos?

Foi exatamente nesse contexto que a ideia das ecovilas e os relatos entusiasmados que havia escutado com grande interesse – ainda que fossem muito vagos naquele primeiro momento – serviram como um convite irrecusável para o estudo e a pesquisa em busca de um horizonte de novas possibilidades. Não demorou muito para que eu me integrasse em um projeto socioambiental que estava nascendo em São Paulo – o Ecobairro, ao qual sou muito grata – e que me levaria, alguns meses depois, à participar de um encontro mundial de ecovilas, em Findhorn, comunidade ao norte da Escócia que está entre as pioneiras e mais bem-sucedidas. Foram dias de intensas descobertas e de um sentimento de esperança na humanidade que eu jamais experimentara. Ocupar um assento no The Universal Hall (construção comunitária com capacidade para quinhentas pessoas) e assistir a apresentações de representantes de ecovilas de mais de quarenta países (da Alemanha ao Senegal, do Japão aos Estados Unidos, da Rússia à Austrália), dispostos a compartilhar seus erros e acertos em direção a um modelo de assentamento humano mais sustentável, deu-me motivação suficiente para acreditar que meus anseios por um estilo de vida de mais cuidado com a Terra e com as pessoas poderiam estar vinculados, de alguma forma, à tal palavrinha mágica *ecovila*.

Aquilo que eu apenas imaginava estar ligado à concepção desses agrupamentos deixava, aos poucos, o campo dos devaneios pessoais para tomar corpo de algo possível, palpável, experimentado por muitos. Ali, naquele pedaço de terra de invernos rigorosos, pude conhecer parte do cotidiano daquela comunidade, ver famílias cultivando a terra sem agrotóxicos, grupos de construtores erguendo casas com materiais locais e equipamentos altamente eficientes em energia, pessoas trabalhando nas atividades internas e nos pequenos (e múltiplos) negócios comunitários, que se servem da moeda solidária *Eko*: uma padaria, um ateliê de cerâmica, um cibercafé, uma loja de produtos ecológicos e muitos outros. É preciso também mencionar a inspiradora e florida estação de tratamento de esgoto da comunidade (The Living Machine), o premiado projeto de reflorestamento das Highlands escocesas (dirigido pela ONG Trees for Life, criada pela comunidade), os programas de treinamento em ecovilas e sustentabilidade (que recebem milhares de estrangeiros todos os anos) e os serviços complementares de saúde e prevenção que partem da visão holística de que uma comunidade amorosa é capaz de aprimorar a imunidade de seus integrantes – ao ajudá-los, com afeto e acolhimento permanentes, a serem mais habilidosos e confiantes no enfrentamento dos desafios ao longo de suas vidas.

    Voltei ao Brasil com a firme vontade de descobrir mais sobre outras comunidades que estariam (re)inventando estratégias de vida em grupo e de *design* de assentamentos humanos que colocam o meio ambiente como protagonista com voz ativa nas decisões comunitárias. Logo descobri que o conceito de ecovila – que detalharemos no capítulo "Em busca de uma definição de ecovilas" – não se restringe a estabelecer um *checklist* de soluções verdes ou de equipamentos e formas de interações socioambientais que auxiliem a reduzir gradativamente a pegada ecológica de seus moradores. Mais do que um descritivo de aspectos que essas comunidades já tenham alcançado em termos de sustentabilidade, a ideia de ecovila repousa mais fortemente sobre aspirações e metas para as quais elas se propõem a caminhar ao longo de toda sua existência, em um processo que tem começo, mas não tem fim.

Em 2006, como resultado de algumas pesquisas, conheci a Ecovila Clareando, em Piracaia, São Paulo, onde comprei um dos lotes residenciais e iniciei uma grande transformação interna, que incluiria também mudanças profissionais e de comportamentos de consumo, com a finalidade de adaptar meu estilo de vida à nova proposta: deixar a capital e, com ela, boa parte de velhos hábitos que, sentia, não cabiam mais neste mundo, para embarcar na aventura de morar em uma ecovila em início de formação – bem diferente, vale dizer, de um condomínio ecológico, conforme veremos mais adiante.

No ano seguinte, comecei a construir minha casa, concebida para refletir, em cada escolha, meus valores e aspirações de mundo, seguindo a sabedoria de Gandhi que nos convidava a "ser a mudança que queremos ver no mundo". A casa, que levou quase cinco anos para ficar pronta – se é que posso dizer que está pronta, já que é algo vivo, orgânico e mutante por natureza – foi erguida com paredes de blocos de terra crua (adobe), pau a pique, tijolo de solo-cimento, madeira de reflorestamento, vidros usados, portas e janelas de demolição, garrafas de vidro e outras técnicas e materiais que combinam bioconstrução com arquitetura vernacular. Aliás, para esse tema, reservei o capítulo "Por um novo modelo de assentamento humano", com reflexões sobre os motivos que levam essas comunidades sustentáveis a investir em pesquisa e em desenvolvimento de novos modelos de habitações e construções coletivas.

Durante todo esse caminho, tive a felicidade de fazer amigos (hoje, alguns deles são como verdadeiros irmãos) que me incentivaram muito, desde o apoio mútuo para enfrentar as mudanças incessantes que propúnhamos a nós mesmos até a ajuda solidária doada nos mutirões que organizamos para erguer minha casa. Aprendi sobre os prazeres do trabalho coletivo, sobre as dificuldades de tomar decisões em grupo, sobre a gratidão por ter acesso à água pura, de nascentes locais, e sobre o contentamento de poder me alimentar com verduras e legumes frescos cultivados a poucos metros de casa e livres de agrotóxicos [assunto do capítulo "Por uma agricultura (e uma dieta) que respeite a vida"] – sem falar na abundância gerada quando conseguimos, a um passo por vez, aproximar nosso cotidiano da prática deliciosa da simplicidade voluntária e do consumo consciente, cuja importância neste contexto levou-me a dedicar o capítulo "Por uma vida mais simples e abundante" ao tema.

Passei a compartilhar semanalmente parte destas histórias em meu blog pessoal, Gaiatos e Gaianos, hospedado desde 2007 no site do movimento Planeta Sustentável, da Editora Abril. O interesse surpreendente dos leitores por este universo ainda tão pouco conhecido dos brasileiros me fez acreditar que havia espaço para disseminá-lo a um grupo maior de pessoas. Foi quando propus o título para esta Série Meio Ambiente e, com satisfação, recebi o apoio da Editora Senac São Paulo.

Para enriquecer os temas tratados aqui, recorri a diversas leituras de obras vinculadas às ecovilas, basicamente livros de autores estrangeiros, editados em inglês, que serão citados com frequência ao longo deste trabalho. Também contei com a ajuda de representantes de ecovilas brasileiras e com materiais elaborados para o Ecovillage Design Education (EDE), um currículo criado por um grupo de pioneiros internacionais, que reuniu as melhores práticas das ecovilas no curso conhecido como Gaia Education, voltado a futuros "ecovileiros", do qual, para minha sorte, tive o prazer de participar da primeira turma brasileira, em 2006, como aprendiz e, ao mesmo tempo, parte da comissão organizadora.

Como o mote desta coleção passa pela investigação e demonstração clara da interdisciplinaridade e transversalidade de diferentes temas na grande paisagem do meio ambiente, o leitor irá notar, permeada nestas páginas, a ligação incontestável que há entre as ecovilas e o tema central da série Meio Ambiente. Refletir sobre como nos organizamos – ou poderíamos nos organizar – em assentamentos urbanos e rurais é condição fundamental para a humanidade. A experiência das ecovilas em promover esses agrupamentos de forma mais sustentável serve-nos de incentivo para discussões e questionamentos a respeito de planejamento urbano, políticas públicas, transformações movidas pelas pessoas e interações mais saudáveis e proveitosas entre a cidade e o campo, além de ser um bom exemplo de que é possível, sim, repensar e reconstituir nossa maneira de agir no mundo, sem que, para isso, seja necessário sacrificar conforto (talvez seja o caso de repensar o sentido dessa palavra) ou renunciar às descobertas científicas e tecnológicas conquistadas pela humanidade, numa tentativa tresloucada de retomar uma vida mais primitiva em pleno século XXI.

Ainda que seja difícil conceber 7 bilhões de pessoas distribuídas em ecovilas – e, aqui, não nos cabe, de fato, defender o modelo das ecovilas como saída universal para todos os males da humanidade – tais considerações, no entanto, não retiram das ecovilas o mérito de serem portadoras de lições e ensinamentos que podem transcender, e já transcendem, suas fronteiras, mostrando-nos saídas plausíveis, em certos níveis, também para a massa de agrupamentos que ultrapassaram de muito longe o conceito (subjetivo, por sinal) de escala humana, usado informalmente nas ecovilas para determinar, por exemplo, o tamanho esperado para sua população e seus equipamentos de infraestrutura, de modo que a todos os moradores seja possível reconhecer seus pares, sentir-se em segurança, confiar no outro, experimentar o bem-estar e manter-se firme no propósito grupal que os unem.

Com a consciência da necessidade de oferecer ao leitor um espírito crítico acerca de um assunto que tanto me vincula (vale mencionar que estas palavras foram escritas no escritório da minha casa, na Ecovila Clareando), tomei o pertinente cuidado de não privá-lo de relatos importantes sobre os desafios e as fragilidades destas comunidades que, de qualquer maneira, têm muito a nos transmitir em termos de esperança de um futuro mais saudável para todos os seres da Terra. Sinceramente, desejo que a leitura deste livro o leve, por caminhos prazerosos, a descobrir que fazer as pazes com o que está à nossa volta é, acima de tudo, experimentar uma vida mais plena de sentido, alegria e gratidão.

EM BUSCA DE UMA DEFINIÇÃO DE ECOVILAS

Muito embora o termo "ecovila" tenha sido criado há menos de três décadas, é possível dizer, sem receios, que sua "genealogia" remonta a tempos bem mais antigos. Como seres fadados aos vínculos sociais e afetivos, atravessamos os séculos experimentando formas distintas de vida em assentamentos, desde as mais ancestrais aldeias humanas até as novíssimas megalópoles. Sabemos de registros históricos sobre povos que se organizavam de maneira matriarcal, ou sobre aldeias em que os anciãos tinham a palavra final nas tomadas de decisões do grupo. Atividades ligadas à sobrevivência, como alimentação, segurança das famílias, abrigo e educação das crianças eram, com frequência, responsabilidade de todos. Transmitidas de geração em geração, práticas culturais mantinham a coesão dos agrupamentos que, não raras vezes, contavam com um mito de origem comum para posicionar o grupo na grande ordem universal das coisas. Nessa época, aliás, descobrimos que viver em um grupo com uma identidade própria nos ajudava a manter nosso território mais protegido de invasores, e que a solidariedade era uma aliada tão importante que aparecia naturalmente.

Mas foram muitas as mudanças, cada uma em seu tempo e necessidade. Ao longo de nossa jornada no planeta, passamos a atuar mais intensamente como garimpeiros frenéticos e foi preciso criar novas regras para – pretensamente – estabelecermos uma convivência minimamente pacífica, enquanto a privacidade e o individualismo iam se acomodando entre nós com conotações positivas e raízes mais e mais profundas. Foi assim, por exemplo, que reduzimos o tamanho das famílias e tornamo-nos cada vez mais solitários em apartamentos pequenos e veículos particulares que, nos horários de pico, mal saem do lugar. Foi assim também que nos deparamos mais fortemente com a miséria, a fome, a desigualdade social e as paisagens de um submundo crescente que fazemos de conta ser irreal, embora ele se nos apresente mais próximo do que nunca.

Nessa caminhada, descobrimos o mundo do trabalho assalariado e, com ele, um jeito de viver que nos levou a sermos mais e mais dependentes do dinheiro como meio de troca para tudo de que necessitamos – e daquilo que pensamos ou nos fazem acreditar ser necessário consumir. Também nos tornamos, a cada passo, imensamente distantes da natureza (que ainda teimamos em "civilizar" a qualquer custo) e nos desligamos, de certa maneira, até mesmo do meio ambiente natural, ao trocá-lo, em grande parte, por corredores artificiais de conforto, praticidade e descaso: *shopping centers*, hipermercados, elevadores, carros, prédios hermeticamente isolados do mundo externo e ambientes climatizados tal qual uma aeronave em qualquer ponto da atmosfera.

Com a globalização econômica conhecemos novos sotaques e costumes, expandimos nossa visão de mundo, mas, ao mesmo tempo, perdemos parte de nossas características mais arraigadas ao lugar onde vivemos, para experimentar um tipo de conexão global que tem se mostrado pasteurizadora e, arrisco dizer, empobrecedora do local. Nossa fome de consumo, impulsionada por corporações transnacionais e uma rede midiática poderosíssima, tem comprado a ideia de que, de Londres a Bogotá, todos precisamos dos mesmos produtos e serviços. "Qualidade de vida" é o nome que temos dado a essa corrida pelo consumo, que despreza os efeitos nocivos de nossa cultura descartável: as montanhas de lixo geradas diariamente em todo o mundo, a demanda por mais matérias-primas, o aumento na emissão de gases de efeito estufa, entre outras consequências das quais é preciso não lembrar para seguir adiante sem culpa – mas até quando? São tantas as externalidades criadas por nossas atividades econômicas (poluição, empobrecimento do solo, doenças, exclusão social, etc.) que pensar nisso soa coisa de idealistas utópicos.

Não importa a época ou a cultura, nossa relação com o meio ambiente talvez nunca tenha sido, de fato, pensada e vivida com base em princípios e ações éticas. Ou talvez nunca nos arriscamos a encarar a existência e a saúde dos demais seres vivos como algo tão importante quanto nosso próprio bem-estar. Através dos tempos, ou temíamos os poderes "mágicos" da natureza e, então, vivíamos sob o domínio e a ferocidade de deuses da chuva, do vento e do sol, condenados – por nós mesmos – à eterna submissão, ou, como fizemos mais tarde, julgávamo-nos onipotentes diante dela, controladores e exploradores sem limites, numa atitude pretensiosa e míope que, especialmente durante os dois últimos séculos, fez por destruir florestas, reduzir a biodiversidade, contaminar o solo, o ar e a água e condenar populações inteiras como refugiados ambientais. Ainda assim, estranhamente, mantivemos dentro de nós a crença (já tão desprovida de propósito) no modo como tratamos tudo que não é criação humana – sem esquecer, é claro, as diferentes "categorias" de seres humanos que nos especializamos em produzir e para as quais entregamos e dedicamos níveis distintos de voz, liberdade e autonomia.

Já fomos tribais, moradores de feudos, de pequenas vilas, de agitadas cidades. Algumas dessas formações foram extintas, outras ainda convivem no espaço-tempo de nossas permissividades. Onde e quando surgem as ecovilas nessa história? O que são, afinal, essas comunidades contemporâneas que tentam inventar maneiras de viver sem causar tantos impactos socioambientais? O que elas representam em termos de mudanças nos modos de vinculação que estabelecemos com o meio ambiente e as pessoas, e, especialmente, nos nossos modelos de assentamentos nos ambientes rural e urbano? Não discorreremos aqui sobre os conceitos e a diversidade dos arranjos comunitários e sociais que inventamos no decorrer de nossa estadia na Terra. Sobre isso, muitos antropólogos e sociólogos já elaboraram tratados e pesquisas importantes – àqueles que quiserem se aprofundar no assunto, recomendo a leitura do livro *Meio ambiente & antropologia*, de Maurício Waldman, que integra esta Série Meio Ambiente.

Para viajar por estas páginas basta-nos apenas uma menção despretensiosa acerca de uma mudança significativa e útil ao entendimento do tema central deste livro, as ecovilas: a transformação, com a modernidade, da comunidade pré-capitalista em sociedade no capitalismo, ruptura ou distinção observada por Ferdinand Tönnies em *Gemeinschaft und Gesellschaft*, publicado em 1887. Na comunidade (*Gemeinschaft*), segundo o autor, predominavam a informalidade e a afetividade. Ainda que não fossem inocentes do ponto de vista da relação com o meio ambiente (talvez não tenhamos esse privilégio), a dádiva e as trocas solidárias moviam as atividades humanas. As pessoas mantinham vínculos que estavam dados naturalmente pela partilha do território e pelas práticas culturais tradicionalmente semelhantes. Já a sociedade (*Gesellschaft*), aos olhos de Tönnies, apresenta-se com um nível maior de formalização e racionalização.

Com a mudança de "comunidade" para "sociedade", são as trocas mercantis que se tornam o foco e a razão central das relações interpessoais. A divisão do trabalho, impulsionada pela Revolução Industrial, fez com que as pessoas se encontrassem mais na heterogeneidade: além de termos o sapateiro, o ferreiro, a costureira, o carpinteiro, etc., esses agora não cuidam mais da totalidade de suas produções, mas estão inseridos em um contexto fabril, que fragmentou seu trabalho em diversas etapas, executadas por diversas pessoas. Em outras palavras, a noção de "nós", típica da comunidade homogênea, dá lugar a um ambiente em que o "outro", a alteridade, está sempre presente.

Essa mudança, mesmo que possa parecer pequena em um primeiro momento, revolucionou a maneira como nos organizamos: não mais em comunidades, mas em sociedade – à exceção, é claro, de alguns povos mais isolados que, resistentes à globalização cultural, ainda mantêm estruturas sociais próximas de sua concepção original. Um conceito interessante abordado por Durkheim (1989) trata desse movimento a partir do que ele classifica como dois tipos de solidariedade: a *mecânica*, dos tempos das comunidades homogêneas, digamos assim (já que são resultado de uma mesma tradição cultural, com valores e práticas semelhantes e pouco questionados), e a solidariedade *orgânica*, que mais se baseia nos interesses individuais, é mais instrumental e pode manter-se, sem grandes perdas, com um grau muito maior de heterogeneidade.

Saltando na história da humanidade, somam-se a esse panorama os adventos da imprensa, do rádio, da televisão e, mais recentemente, da internet que, cada um a seu modo, permitiram – ao reforçar categorias como "os brasileiros", "o povo sul-americano" ou mesmo "os consumidores" – a criação de modos de vinculação cada vez mais abstratos e menos ligados à proximidade territorial ou à interação concreta e presencial no cotidiano, como é o caso contemporâneo das redes sociais. O resumo dessa trajetória (e o que nos interessa, por ora) diz respeito a esse desenrolar de acontecimentos que possibilitou o esgarçamento dos vínculos reais, concretos, para esferas parcial ou totalmente virtualizadas e, por consequência, desatadas das noções de pertença em comum ou de enraizamento local. Atualmente, ainda que não ocupe o mesmo território, o que se percebe é que uma parcela enorme de indivíduos nos quatro cantos da Terra é capaz de se sentir parte de uma comunidade ao compartilhar – especialmente, via representações midiáticas – apenas um conjunto de valores, crenças, interesses ou preferências, algo que seria impensável nas antigas comunidades, pela simples falta da condição de interação face a face.

A partir desse contexto, se voltarmos a olhar para as antigas comunidades tradicionais, constituídas naturalmente por pessoas que partilhavam, em síntese, o mesmo território, a mesma infraestrutura material e emocional e, ainda, o mesmo repertório cultural, e, em seguida, observarmos os fenômenos moderno e pós-moderno de vinculação a partir de *estratégias artificiais e voluntárias*, calcadas em afinidades e propósitos, poderemos entender melhor a origem das ecovilas, que alia aspectos destes dois universos – considerando o primeiro como ambiente real, físico, concreto, e o segundo como ambiente ético, moral, agregador.

Fundamentalmente, as ecovilas resgatam a concepção mais antiga de comunidade, mas desta vez *inserida* em uma sociedade: seus integrantes voltam a compartilhar o mesmo território e – reparem – *constroem* uma ética cultural idealmente comum a todos do grupo, que diverge ou se coloca acima, sob muitos aspectos, das regras e do *modus operandi* predominantes na sociedade da qual, inevitavelmente, elas também se mantêm como parte constituinte. Assim, para exemplificar, uma ecovila pode estabelecer acordos comunitários para a construção de habitações que sejam mais restritivos ou criteriosos, em termos ambientais, do que as leis vigentes em sua localidade; ou, como ocorre em algumas ecovilas europeias (em especial, em Zegg, na Alemanha, e em Tamera, em Portugal), experimentar arranjos familiares diferentes daqueles mais integrados à sociedade que as circundam – há casos, por exemplo, de ecovilas que desobrigam seus moradores da monogamia ou estendem a referência de maternidade e paternidade a todos os adultos da comunidade na educação das crianças e dos jovens.

Diferentemente das comunidades primitivas ou tradicionais, em que cada membro passava automaticamente a integrá-las a partir de seu nascimento, nas ecovilas a formação da comunidade se dá pela intenção de seus integrantes de fazer parte do grupo e de partilhar – e, portanto, de aceitar voluntária e conscientemente – os mesmos propósitos eleitos como guias, como pano de fundo, pelo grupo fundador de cada ecovila (normalmente relacionados, para justificar o prefixo "eco", a princípios que possam ajudar a direcionar as ações da comunidade para a conquista de um estilo de vida mais sustentável, conforme abordaremos mais detalhadamente nos capítulos seguintes).

Isso ocorre ainda que a diversidade humana de seus integrantes seja infinitamente maior do que a que existia nas comunidades pré-capitalistas. Vem daí o fato de as ecovilas também serem conhecidas como *comunidades intencionais*, em que a vontade pessoal de conceber um espírito de pertença do grupo cria condições para a existência e a continuidade do próprio grupo. Mais que isso: a coesão do conjunto se faz pela construção de um propósito forte, capaz de manter vivos o sonho, a esperança e o caminhar do grupo, mesmo diante dos mais desafiadores obstáculos e conflitos.

Cabe aqui abrir um parêntese: as comunidades intencionais existem há muitos séculos, é só pensar nas infindáveis missões religiosas e nos monastérios, por exemplo, que foram sendo criados a partir de crenças comuns e de muito trabalho coletivo (que definiam, para seus integrantes, um cotidiano comunitário bastante peculiar). Mas foi no século XX que essas comunidades mais cresceram em número e em tipologias. As ecovilas são apenas um dos vários modelos modernos de comunidades "voluntárias" que surgiram, principalmente, a partir da descrença ou desilusão nas promessas do mundo industrializado. Fazem parte deste time as mais diversas manifestações dos ideais *new age*, o movimento dos kibutzim em Israel, as apostas de retorno ao campo e os *hippies* dos anos 1960 e 1970 que criaram, cada um à sua maneira, arranjos de vida comunitária baseada no mesmo território e fortemente alicerçada em valores comuns, princípios éticos, sonhos, ideais e utopias.

O que pretendemos aqui é redesenhar alguns caminhos que podem nos ajudar a entender como e por que surgiram, nas últimas décadas do século passado, comunidades cujo propósito fundamental tinha uma ligação estreita com os desafios ambientais e com a vontade de aprender a viver de maneira a causar o menor impacto possível. O que movia essas pessoas a ingressar numa vida comunitária "alternativa", repaginada, por razões óbvias, para caber no espírito do nosso tempo? Por que cada vez mais pessoas estavam (estão) em busca de saídas alternativas que pudessem modificar a maneira como elas interagiam com o meio ambiente? E quem são essas pessoas?

Em seu livro *Ecovillages, New Frontiers for Sustainability*, o educador de sustentabilidade Jonathan Dawson, morador há anos da ecovila escocesa Findhorn e ex-presidente da Rede Global de Ecovilas (Global Ecovillage Network – GEN), sobre a qual falaremos a seguir, busca respostas para esses questionamentos enumerando fatos históricos que, a partir dos anos 1960, abalaram a crença da sociedade no modo de vida consolidado pelo capitalismo, especialmente, nos países do hemisfério Norte. O resultado de sua análise, é bom dizer, traz uma visão muito ligada ao contexto europeu e não traduz com proximidade a maneira como essas comunidades chegaram e se desenvolveram no Brasil. De qualquer modo, sua argumentação servirá para abordarmos as ecovilas brasileiras, mais adiante.

Dawson (2006) relembra que, após ter atingido seu clímax em meados dos anos 1970, a qualidade de vida no mundo industrializado passou a despencar em pesquisas que usavam as mais diversas metodologias, mesmo enquanto o PIB continuava a demonstrar força ascendente. Na mesma época, os primeiros estudos dentro do conceito de pegada ecológica global revelaram nossa assustadora demanda por uma porção territorial algumas vezes maior do que o planeta inteiro para dar conta de sustentar nossos estilos de vida. Referindo-se aos anos 1980, ele lista alguns dos problemas provocados pela depredação dos recursos naturais e pela degradação ambiental (como o buraco na camada de ozônio, a extinção de espécies e o desmatamento), sem esquecer as altas taxas de crimes e o aumento da incidência de depressão, uso de drogas e suicídios em diversas localidades, que surgem como indicadores da crescente alienação e anomia experimentada por muitos.

A resposta dos governantes para esses desafios alarmantes, na visão do autor, foi demasiadamente fraca e acabou por abrir espaço para uma profusão de iniciativas informais da sociedade civil, além do debate e do ativismo popular que passaram a ocorrer fora das instâncias governamentais. O que fazer para melhorar a qualidade de vida das pessoas? Como garantir desenvolvimento social às presentes e futuras gerações sem comprometer os recursos naturais? Dentro destas reflexões, um dos temas que surgiram em grupos de debate dizia respeito à questão de como criar modelos para comunidades mais sustentáveis social, ambiental, cultural e economicamente – e foi exatamente aí que começou a nascer a ideia de ecovila.

COHOUSINGS: AS PRIMEIRAS ECOVILAS

Uma primeira "versão" das ecovilas, batizada de *cohousing*, teria nascido ainda nos anos 1970, na Dinamarca, espalhando-se logo em seguida para a Suécia e para a Noruega e, tempos depois, para vários outros países europeus, chegando a atravessar oceanos em direção aos Estados Unidos, ao Canadá e à Austrália. O termo foi cunhado pelo casal de arquitetos Katie McCamant e Chuck Durrett (autores do livro *CoHousing: a Contemporary Approach to Housing Ourselves*, publicado em 1988), que argumentavam que as cohousings poderiam ser uma solução dinamarquesa para os problemas da sociedade pós-industrial, no final do século XX. Naquele contexto, existiam novos movimentos sociais, ligados mais à classe média do que às classes de trabalhadores, e que enfatizavam valores colaborativos e um estilo de vida alternativo e não consumista a partir de ideais que agregavam ambientalistas, feministas e pacifistas.

Durante os anos que viveram na Europa e, mais tarde, de volta aos Estados Unidos, McCamant e Durrett participaram do desenvolvimento de mais de cinquenta comunidades estabelecidas como cohousings, disseminando um modelo de assentamento que se mostrou cabível para além de suas fronteiras originais. Formadas, em média, por até vinte famílias, as cohousings são uma espécie de condomínio residencial, no qual os moradores restringem ao mínimo suas necessidades de espaços privativos (basicamente, quartos, banheiros, uma pequena cozinha e, quiçá, uma sala de estar) e optam por compartilhar ambientes, facilidades e trabalho, em nome de um jeito de viver que possa ser, na prática, mais leve e benéfico para seus moradores e também para o planeta. Assim, as cohousings costumam contar com espaços comunitários como cozinha, refeitório, biblioteca, brinquedoteca, sala de estar, sala de tevê, lavanderia, escritório com acesso a internet, ateliê de artes, horta, ferramentaria, bicicletário e até garagem (para abrigar os veículos que, em algumas comunidades desse tipo, ficam disponíveis para todos).

A lógica é simples: compartilhando espaços e bens de consumo, é possível reduzir o impacto socioambiental das famílias, já que tal atitude diminui o giro de toda uma cadeia baseada na demanda por matérias-primas, fábricas, transportes, pontos de revenda e locais adequados para receber produtos após o término de sua vida útil. Por exemplo, se uma família usa a máquina de lavar roupas apenas duas vezes por semana, por que não dar um uso comunitário a duas ou três máquinas em uma lavanderia um pouco maior, de maneira que não seja necessário que cada núcleo familiar compre o equipamento ou tenha de construir uma lavanderia particular em sua casa? O mesmo pensamento vale para livros, discos, aparelhos de tevê, eletrodomésticos, ferramentas (quantas vezes por mês usamos uma furadeira?), brinquedos, etc. Algumas cohousings mais antigas e consolidadas dispõem até de despensa comunitária e organizam as compras coletivas (o que, não raro, ajuda a reduzir as despesas) e o preparo das refeições que reúnem o grupo à mesa.

O projeto e o planejamento de *design* de uma cohousing, em geral, são feitos pelo próprio grupo de futuros moradores, que decidem se preferem construir um edifício com apartamentos privados e áreas de uso comunitário, ou se a opção mais adequada seria ter pequenas casas unifamiliares e um ou mais prédios anexos para as atividades que poderão ser compartilhadas por todos. Depois de tudo pronto, caberá a cada família encontrar a dose ideal entre a privacidade doméstica e o envolvimento e a integração na comunidade, de modo que todos se sintam confortáveis no dia a dia.

Essa disposição para compartilhar cria a possibilidade do que gosto de chamar de abundância na simplicidade. Todas as famílias têm acesso às facilidades das construções e infraestruturas comunitárias, sem que haja a necessidade de ser dono exclusivo delas. É possível, dessa maneira, manter um padrão de vida digno com menos dinheiro, menos necessidade de trabalho e, por fim, menos agressões ao meio ambiente e, ainda assim, ter à disposição uma série de itens de consumo ligados à cultura, à educação, ao lazer, ao desenvolvimento de habilidades e ao bem-estar das famílias. Não se trata de impor sacrifícios individuais ou abstinências de qualquer natureza, mas sim de gerar um espírito comunitário em que é possível dar um uso mais bem dimensionado e ecologicamente correto para uma série de aspectos ligados à vida doméstica de quase todos.

No que tange às questões sociais da época do surgimento das primeiras cohousings, vale a pena mencionar que, no caso específico de alguns grupos feministas, morar numa cohousing viabilizava a chance peculiar de tirar proveito do suporte social para revezar os cuidados com as crianças em casa, de modo que as mulheres da comunidade pudessem deixar o ambiente familiar para conquistar espaço no mercado de trabalho sem ter de, com isso, delegar a educação dos filhos a "desconhecidos" de instituições privadas ou governamentais.

Histórias como essa são relatadas por Graham Meltzer, autor do livro *Sustainable Community: Learning from the Cohousing Model*, que viveu muitos anos de sua vida em comunidades alternativas, de kibutzim a cohousings nos Estados Unidos, na Austrália, no Canadá, no Japão, entre outros cantos do mundo. Para ele, a vida social ou comunitária ganha um sentido mais amplo nas cohousings em razão do desenvolvimento de uma forte confiança grupal que gera um apoio mútuo constante e bastante construtivo. Há casos de cohousings concebidas para pessoas da terceira idade que, juntas, cuidam umas das outras e, assim, sentem-se mais seguras e envolvidas numa atmosfera de amorosidade que as desvia do isolamento e da alienação social. As trocas de saberes e a própria convivência cotidiana incumbem-se de produzir um ambiente mais criativo, vivo, rico em diversidade e aprendizado.

Outro aspecto pertinente diz respeito à possibilidade de incorporação de tecnologias sustentáveis que possam aumentar a eficiência energética e tornar o uso da água mais racional em uma cohousing. *Kits* de energia solar e eólica ou equipamentos para captação de água de chuva e tratamento ecológico de esgoto, por exemplo, ainda têm um custo relativamente alto se pensarmos em soluções unifamiliares, mas são mais facilmente conquistados quando um grupo de pessoas assume a compra, a instalação e sua manutenção. Da mesma forma, o trabalho comunitário – em geral, realizado em mutirões – torna mais viável o desenvolvimento de hortas orgânicas comunitárias, pequenas padarias para consumo interno, trabalhos artesanais e até mesmo da gestão responsável dos resíduos gerados pelos moradores.

É claro que estamos falando de aspectos potenciais, que se concretizam em menor ou maior grau em cada uma dessas comunidades espalhadas pelo planeta – e, atualmente, bastante desenvolvidas nos Estados Unidos e na Europa. Como mencionei anteriormente, cada membro de uma cohousing é livre para escolher o nível de integração que deseja manter com a comunidade, seja durante a semana, seja nos dias de descanso ou nos feriados. É nesse ponto que talvez surja a maior fragilidade das cohousings (em relação à sua capacidade de se efetivar como um assentamento humano mais sustentável), mas que é, ao mesmo tempo, o que as torna (na prática) mais acessíveis a uma camada maior de pessoas: a possibilidade de vir a ser um morador da comunidade e de continuar mantendo um emprego ou trabalho remunerado fora da cohousing, ou seja, de participar da sociedade "externa" (e, portanto, de continuar dependendo dela) de um jeito bastante convencional, sem grandes rompimentos que levem a um estilo de vida realmente "alternativo", no sentido de estar mais desconectado do *mainstream*.

Em outras palavras, o modelo de cohousing não contempla a intenção de criar uma economia própria que possa gerar e aprimorar, ao longo do tempo, uma autonomia maior das famílias. Ainda que existam facilidades compartilhadas, práticas de consumo consciente e uma vivência comunitária maior do que a que ocorre na imensa maioria dos empreendimentos imobiliários residenciais (nos quais, muitas vezes, não sabemos sequer o nome do vizinho que mora no apartamento ao lado), a dependência externa dos meios de produção e de geração de renda limita às cohousings suas possibilidades de existência na ausência daquela mesma sociedade que elas gostariam, ao menos em termos, de rejeitar.

O NASCIMENTO DE UMA REDE DE ECOVILAS

Aos olhos dos idealizadores e também dos entusiastas das cohousings, esse paradoxo interessante serviu para dar continuidade à investigação e à reflexão acerca de novos modelos de organização comunitária que pudessem transpor as limitações das cohousings e serem ainda mais consistentes na transformação do modo de vida das pessoas, em direção a um viver mais sustentável: menos agressivo ao meio ambiente, mais saudável para as pessoas e com maior possibilidade de perpetuidade ao longo dos tempos. E, nesse sentido, criatividade e experimentação eram elementos marcadamente presentes naquele contexto histórico e cultural.

Na Dinamarca, uma das lideranças intelectuais no assunto era a ativista social Hildur Jackson, que estava empenhada, desde os anos 1970, no desenvolvimento de novos assentamentos humanos ao lado de seu marido Ross Jackson, ambos dirigentes da ONG Gaia Trust. Como parte do trabalho de difusão e aprimoramento das cohousings, eles atuavam com o objetivo de pesquisar e identificar boas iniciativas que estavam surgindo no mundo e, assim, funcionar como catalisadores de exemplos inspiradores que, segundo defendiam, precisavam ser difundidos larga e urgentemente. Foi assim que, anos depois, eles entraram em contato com o casal Robert e Diane Gilman, editores da revista americana *In Context* (que publicava histórias sobre o mesmo tema) e encomendaram um relatório de estudos de caso e bons exemplos de assentamentos sustentáveis. O relatório, batizado de *Ecovillages and Sustainable Communities* e publicado em 1991, reuniu 26 exemplos de comunidades que tinham a sustentabilidade como ponto crucial e acabou por elaborar a primeira definição de ecovila como sendo um:

> [...] assentamento estabelecido em escala humana no qual as atividades humanas estão mais inofensivamente integradas ao mundo natural, de maneira a dar um suporte saudável ao desenvolvimento humano, e com condições de se perpetuar com sucesso por um futuro indeterminado. (Dawson, 2006, p. 13)

Na visão de Dawson (2006), o conceito criado por Gilman é impreciso demais para servir como uma definição, pois se refere mais a uma aspiração do que a uma descrição. Trata-se mais de um conjunto de metas que funcionam como estímulos para uma longa caminhada, que atravessará gerações, do que propriamente de um estado ou condição que elas já tenham alcançado. Mas, ainda que fosse pouco eficiente na caracterização desses assentamentos, por ser um tanto vaga e muito abrangente, essa primeira definição foi importante para agregar os pioneiros do movimento das ecovilas em torno de um conceito apresentado em contraposição à sociedade que havia perdido, por exemplo, a ligação com a escala humana, com os efeitos de sua atuação no meio ambiente e com a consciência da finitude dos recursos naturais. Não se tratava mais de comunidades isoladas, mas sim de um corpo de lideranças e experiências riquíssimas de convivência comunitária que, fortalecidas pela descoberta e pelo encontro de pares, apresentavam-se, agora, dispostas a unir forças para a troca de experiências e de estratégias de disseminação de suas boas práticas e potenciais transformadores da sociedade.

Das 26 comunidades descritas no relatório dos Gilman, dezessete vinham do mundo industrializado do Norte e outras duas (Auroville, na Índia, e Aztlan, no México) haviam sido fundadas por estrangeiros com raízes no hemisfério Norte – onde o despertar da consciência sobre os desafios socioambientais exibia, à época e de modo geral, mais força do que no restante do globo. Além disso, metade delas não tinha mais do que uma centena de moradores. Eram pequenos grupos de cidadãos envolvidos na criação de assentamentos de pequena escala (Robert Gilman falava em, no máximo, quinhentos moradores por ecovila), fundados por visionários guiados pela meta de independência governamental e vida comunitária alternativa.

Como comunidades intencionais, elas tinham a particularidade de inserir a preocupação com os problemas ambientais e uma maior consciência a respeito da necessidade de experimentar novos modelos de vida na Terra. Segundo escreve Dawson (2006), muitas delas, que tinham essa ligação com ecologia e sustentabilidade como razão de ser, estavam agora se autodenominando ecovilas – dizem os pioneiros desse movimento que o termo ecovila teria sido usado em larga escala pela primeira vez entre pacifistas alemães que criaram, como forma de protesto, assentamentos baseados em princípios ecológicos perto de usinas nucleares, que foram batizados de *okodorf* (ou ecovila, na tradução literal).

Essa primeira formação de um grupo de ecovilas pioneiras serviu como pretexto para um encontro internacional, realizado em 1995 na Fundação Findhorn, comunidade ao norte da Escócia. O encontro, chamado de Ecovilas e comunidades sustentáveis: modelos para o século XXI, reuniu cerca de quatrocentas pessoas de várias partes do mundo e atraiu outras trezentas que não puderam participar. Um ano depois, na II Conferência do Programa das Nações Unidas para Assentamentos Humanos (UN Habitat), em Istambul, foi lançada internacionalmente a Rede Global de Ecovilas (Global Ecovillage Network, da sigla em inglês GEN), com três braços regionais: GEN-Europe, para atuar nos continentes europeu e africano; ENA (Rede de Ecovilas das Américas) e Genoa (Rede de Ecovilas para a Oceania e a Ásia), cuja principal missão era ser uma confederação global de pessoas e comunidades que conhecem e compartilham suas ideias, realizam intercâmbio de tecnologias, desenvolvem trocas culturais e educacionais e se dedicam a restaurar a terra e a viver de uma maneira mais sustentável, procurando devolver ao meio ambiente mais do que elas retiram para manter suas atividades cotidianas.

Uma das funções da GEN era a de divulgar a experiência das ecovilas para planejadores de políticas públicas, governos e sociedade civil, além, é claro, de fortalecer a troca e o fluxo de informações sobre ecovilas entre seus próprios integrantes. De acordo com documentos da entidade, nove ecovilas "sementes" fizeram história como pioneiras e fundadoras da GEN:

- The Farm, nos Estados Unidos, que gerou o primeiro centro de treinamento em ecovilas do mundo;
- Lebensgarten, na Alemanha;
- Crystal Waters, na Austrália;
- Eco-ville St Petersburg, na Rússia;

- Gyurufu, na Hungria;
- Projeto Laddak, no planalto tibetano;
- Auroville, na Índia;
- Findhorn Foundation, na Escócia;
- Associação Dinamarquesa de Ecovilas, na Dinamarca.

Em 1998, as ecovilas receberam um importante reconhecimento da Organização das Nações Unidas, que incluiu oficialmente esse tipo de assentamento humano como uma das cem melhores práticas para o desenvolvimento sustentável, consideradas, pela Organização, modelos excelentes de vida sustentável. Atualmente, a GEN engloba mais de 15 mil ecovilas e seu trabalho tem sido chamado de *A Revolução do Habitar*. A entidade participa ativamente do programa de treinamento das Nações Unidas para ajudar governos locais na implantação da Agenda 21, tem *status* consultivo como ONG na ONU e se apresenta em todos os principais congressos internacionais sobre temas relacionados à habitação e ao desenvolvimento das cidades.

De lá para cá, outras iniciativas consistentes foram se agregando à GEN, com características bastante distintas. Há entre elas pequenas ecovilas rurais, redes de vilas tradicionais no Oriente, centros educacionais e de treinamento em sustentabilidade e, ainda, inúmeros projetos de restauração urbana, principalmente de pequenos bairros reformulados a partir de princípios de vida comunitária, redução de consumo e tecnologias ambientais. É preciso incluir também os centros de permacultura, que renderiam um capítulo inteiro, mas que, por ora, podemos definir como territórios que buscam uma autossuficiência em alimentos, água, energia e cultura, seguindo um conjunto de princípios e práticas criados, nos anos 1970, pelos australianos Bill Mollison e David Holmgren.

Nesse conjunto de ecovilas, vale a pena listar algumas para nos ajudar a entender a heterogeneidade dos assentamentos que se autodenominam parte do movimento global, em termos de dimensão, número de habitantes, localização, metas estabelecidas, etc.:

- Sarvodaya, uma rede que reúne 11 mil vilas tradicionais no Sri Lanka;
- Eco Yoff e Colufifa, formadas por cerca de 350 vilas no Senegal;
- Gaia Asociación, na Argentina, e Huehuecoyotl, no México, que são ecovilas rurais de pequenas proporções;
- Los Angeles Eco Village, na Califórnia, Estados Unidos, um projeto de rejuvenescimento urbano que ocupa duas quadras de um bairro da cidade, com dois prédios financiados pela comunidade, que somam quase cinquenta apartamentos residenciais;

- Centro para Tecnologia Alternativa (CAT), no País de Gales, especializado em altas tecnologias que utilizam energias renováveis e soluções sustentáveis;
- Damanhur, na Itália, com dimensões de pequena cidade e uma economia interna forte que inclui uma moeda própria, o *crédito*.

CONDOMÍNIO ECOLÓGICO OU ECOVILA?

Diante de tamanha diversidade, é de se esperar que o conceito original de ecovila – que vimos anteriormente – apresente-se insuficiente para dar conta de abraçar todas as iniciativas em desenvolvimento no planeta. Por outro lado, vale a pena ressaltar que o aumento da exploração, por parte da mídia e de grupos empresariais, dos temas ligados à sustentabilidade abriu brechas para que muitos empreendedores do mercado imobiliário, por exemplo, passassem a tirar proveito do termo "ecovila" – e suas ideias similares como "ecocasa", "casa verde", "condomínio ecológico" e outras – na hora de escolher os nomes ou de criar o plano de marketing para seus projetos residenciais.

Nos últimos anos, o prefixo "eco" passou a ser usado desmesuradamente e, muitas vezes, sem a contraparte de uma avaliação terceirizada, independente, que pudesse validar essa classificação. Nas prateleiras dos supermercados, nas vitrines dos *shopping centers* e nos comerciais de TV há dezenas de produtos autodenominados ecológicos ou "amigos da natureza" que mal explicam ao consumidor a razão de tal rótulo. Muitos deles não apresentam uma base consistente de motivos para tal diferenciação, mas se cercam da alta complexidade de seus processos fabris para, entre eles, destacar um ou dois que aparentemente demonstram ser menos agressivos ao meio ambiente e à saúde das pessoas – e isso ocorre também nos setores de imóveis e construção.

Uma pesquisa realizada em 2010 pela empresa norte-americana Terra Choice examinou quase 5.300 produtos anunciados ao mercado como "verdes" nos Estados Unidos e no Canadá. Na lista, estavam itens de saúde e beleza, brinquedos, materiais de construção e decoração, eletrônicos, produtos de limpeza, artigos de escritório, etc. O resultado mostrou que 95% dos fabricantes cometem ao menos um dos sete deslizes classificados pela organização como *greenwashing* ("verniz verde" ou, em outras palavras, peças de marketing falso, maquiagem verde para conquistar clientes mais distraídos), entre eles:

- Irrelevância: divulgar uma vantagem verde que é mera obrigação do fabricante, como dizer que ele é livre de uma substância proibida por lei.
- Falta de provas: não dar acesso a informações que comprovem os argumentos da publicidade.

- Dos males, o menor: distrair o consumidor ressaltando um diferencial que não elimina o caráter negativo do produto (cigarros orgânicos, por exemplo).
- Imprecisão: usar definições vagas que confundem o consumidor, como rotular de "100% natural" produtos que contêm substâncias tóxicas que são encontradas na natureza (mercúrio e arsênico, por exemplo).[7]

De volta ao mundo da construção civil, podemos observar de tudo um pouco: condomínios particulares que se dizem "verdes" ou "eco" por estarem localizados próximos a áreas de natureza mais preservada (remanescentes de florestas ou unidades de conservação) ou por incorporarem ao projeto arquitetônico alguns diferenciais de sustentabilidade, tais como torneiras economizadoras de água, placas de aquecimento solar de água, captação e reúso de água de chuva ou mesmo áreas reservadas para o armazenamento e a coleta dos resíduos domésticos recicláveis. Alguns empreendimentos são simplesmente *greenwashing*, outros até apresentam alguma vantagem socioambiental em relação ao grosso do mercado, mas de maneira superficial, pontual, sem que haja uma

---

[7] Disponível em http://www.sinsofgreenwashing.org. Acessado em 3-3-2013.

preocupação autêntica e coerente, capaz de envolver todo o projeto.

É verdade que alguns (poucos), entre tantos equívocos, apresentam características e cuidados que merecem cumprimentos especiais. Um excelente exemplo, embora estrangeiro, vem do sul de Londres: o empreendimento BedZED, sigla para Beddington Zero Energy Development, concebido para gerar mais energia do que consome (e a partir de fontes renováveis) e construído com materiais de alto desempenho ambiental. Da mesma forma, iniciativas como as ecocidades chinesas – que, em meio à loucura desenvolvimentista do país, têm conquistado a mídia internacional com a estampa de ousados projetos, permeados de soluções sustentáveis para atender a milhares de habitantes – também compõem esse rol de boas novidades em um setor reconhecidamente "pesado" para o planeta (especialistas estimam que as atividades ligadas à construção civil sejam responsáveis pelo consumo mundial de 40% de toda a água, a energia e os recursos naturais que são explorados pela humanidade).

Podemos ainda incluir os empreendedores que, de olho em tendências globais que apontam a importância de uma imagem pública compromissada com questões socioambientais, erguem imponentes prédios com certificação de construção sustentável, tais como o selo americano Leed (sigla para Liderança em Energia e Design Ambiental), o sistema inglês de avaliação ambiental e classificação de edifícios Breeam, o selo francês HQE (Haute Qualité Environnementale), que deu origem à versão brasileira Aqua (Alta Qualidade Ambiental), e outros menos conhecidos e de menor abrangência. Mas há um detalhe importante: de modo geral, esses edifícios modelos em sustentabilidade correspondem a exceções à regra, peças isoladas de empresas que, para cada cem prédios projetados de maneira convencional, erguem um ou dois com características dignas de algum destaque em termos de sustentabilidade.

O que é fundamental notar é que, ainda que um empreendimento imobiliário seja efetivamente relevante do ponto de vista de ganhos socioambientais, ainda que apresente um conjunto de soluções tecnológicas e de design capaz de reduzir os impactos sobre o meio ambiente durante a obra e também durante a vida útil das habitações, ainda assim é preciso distingui-lo de uma ecovila, pois esses são, no máximo, parentes distantes. Enquanto um condomínio residencial é construído a partir de um empreendedor que, por mais que tenha boas intenções, visa em última instância obter lucro, o projeto de uma ecovila é desenvolvido por um grupo de pessoas que participam ativamente do planejamento, do financiamento e, muitas vezes, também da construção em si, por meio de mutirões de trabalho comunitário.

Além disso, para se caracterizar como uma ecovila é preciso ir além de um *kit* de equipamentos sustentáveis. Não se trata apenas de tomar partido de técnicas capazes de reduzir o consumo de água e de energia em uma vizinhança, ou de "apenas" construir de uma maneira mais amigável para o planeta. Isso tudo é parte de algo maior, que envolve de forma especial as relações humanas. Faz toda a diferença, nesse sentido, refletir sobre a maneira como essas pessoas se constituíram como "vizinhos". No caso dos condomínios residenciais, a vizinhança é formada aleatoriamente, por escolhas familiares que possam atender, da melhor forma possível, a desejos que incluem morar perto do trabalho ou da escola das crianças, o preço do imóvel ou do aluguel, a infraestrutura disponível no bairro (comércio, opções de lazer e serviços) e as comodidades oferecidas pelo prédio (piscina, quadra de esportes, garagem para três veículos, etc.).

Sabemos ser muito comum nas cidades o total desconhecimento dos vizinhos. Pessoas atravessam quilômetros de congestionamento no trânsito para fazer aulas de idiomas, sem saber que em seu prédio moram excelentes professores, disponíveis para aulas particulares em casa. Não há, de modo geral, uma troca entre os moradores, bem ao contrário do que se espera em uma ecovila, onde as pessoas tendem a se conhecer desde a fase do projeto, muitas vezes quando o grupo ainda nem definiu a área para a construção do sonho – que pode ser uma fazenda, um pequeno sítio, um terreno na cidade ou um prédio no centro urbano a ser reformado. Em outras palavras, trata-se, na verdade, de transformar o que seria apenas uma vizinhança em uma *comunidade*.

OS CINCO PILARES DAS ECOVILAS

Constituir-se como uma comunidade é o primeiro de cinco aspectos usados por Dawson (2006) na tentativa de garimpar elementos presentes em todas as ecovilas (independentemente de seu tamanho, número de habitantes, localização ou propósitos estabelecidos para serem compartilhados por todos os seus integrantes) e, assim, formular uma ideia mais palpável sobre o que vem a ser, afinal, uma ecovila. Nesse sentido, *ser* uma comunidade é condição *sine qua non* a toda e qualquer ecovila.

Abro aqui um espaço para uma curta história pessoal. Anos atrás, durante um encontro de ecovilas, conheci Lois Arkin, uma das fundadoras da Los Angeles Ecovillage, uma comunidade urbana que ocupa – com seus dois edifícios residenciais e as áreas comunitárias para plantio, cultura e lazer – dois quarteirões de um bairro na cidade homônima do estado da Califórnia, nos Estados Unidos. Na época, eu morava em uma antiga vila operária de oito casas, em São Paulo, e, durante uma conversa, perguntei a Lois o que eu poderia fazer para transformar minha vila em uma ecovila. A resposta que ouvi tangenciou qualquer expectativa sobre estratégias para tornar as casas mais ecológicas ou adensar a vegetação e cultivar uma horta, e, de maneira surpreendente, iluminou aspectos simbólicos e muito representativos do que seja uma ecovila: "Espere por um domingo de sol, coloque uma mesa bem bonita no pátio da vila, cheia de frutas, sucos, pães caseiros e flores, e convide os vizinhos para o café da manhã. É assim que deve começar uma ecovila".

Uma comunidade se forma a partir da união de pessoas, da vontade de experimentar ou de resgatar um cotidiano com muitos momentos e situações vivenciados em grupo. Nos chamados países desenvolvidos, buscar uma comunidade pode estar ligado ao desejo de reverter certa alienação ou individualismo que cerca boa parte das pessoas que moram nas cidades e têm o trabalho assalariado como atividade que ocupa a maior parte do tempo de suas vidas. Essa rotina mecanizada, com horários rígidos e sempre muito estreitos, limita as possibilidades de um *hobby*, um curso para desenvolver uma nova habilidade ou mesmo atividades ligadas ao lazer. O resultado é uma sensação de solidão, alienação e esvaziamento de um sentido maior para a vida, que tem levado muitos cidadãos a repensarem hábitos e comportamentos e a desejarem um cotidiano mais rico em experiências fora do mercado de trabalho.

Por outras razões, a mesma ideia de comunidade atrai também populações dos países denominados em desenvolvimento. Para muitas pessoas, conceber uma vida em comunidade traz a oportunidade de resgatar valores e práticas tradicionais que fizeram sentido a seus ancestrais por longos e longos períodos e que em pouquíssimo tempo perderam seu valor, em razão do imaginário ocidental vinculado ao capitalismo, fortemente alardeado como caminho único para todos.

Retomar costumes e visões de mundo tradicionais não necessariamente significa querer voltar ao passado, mas, sim, resistir aos valores impositivos do tal mundo moderno, que fazem milhões de pessoas abandonarem todos os dias seus ofícios de artesãos, pescadores, líderes tribais, agricultores e muitas outras habilidades tidas como menores e obsoletas na "nova ordem mundial", para virarem trabalhadores precários de fábricas, migrantes desocupados nos grandes centros urbanos; enfim, massas excluídas e com pouca ou nenhuma esperança em grandes mudanças de vida.

Para aqueles que sofrem com a escassez de recursos, de alimento, de segurança, de saúde, em resumo, que lutam diariamente para manterem-se vivos, fazer parte de uma comunidade abre portas para uma solidariedade quase que "necessária", com poder de se transformar em abundância por meio do trabalho coletivo, da ajuda mútua, da partilha de bens e do esforço conjunto. Reaprender a cultivar o próprio alimento ou a construir a própria casa – e com a ajuda dos amigos – e, mais que isso, sentir que antigos saberes são valorizados dentro da comunidade traz de volta uma dignidade que jamais seria possível dentro da lógica que renega essas pessoas a refugos humanos necessários à manutenção de todo o restante da pirâmide social.

Independentemente das condições econômica, cultural e social, uma ecovila será sempre uma *iniciativa de cidadãos comuns* sedentos por uma nova maneira de viver, um jeito diferente de criar relações interpessoais e de estabelecer vínculos mais harmoniosos com o meio ambiente. Este é o segundo ponto comum a toda comunidade intencional centrada na redução de impactos socioambientais, na melhoria da qualidade de vida e no aprimoramento da autonomia de seus moradores. Mesmo que receba, posteriormente, alguma ajuda governamental ou de entidades que apoiam projetos ligados à sustentabilidade, uma ecovila se forma a partir de cidadãos que se unem para construir um conjunto de infraestruturas capaz de refletir anseios de uma vida mais sintonizada com as pessoas e o lugar que elas escolheram para viver.

Um terceiro ponto presente em todas as ecovilas diz respeito à intenção de *tomar de volta o controle de seus recursos* – e, como diz Dawson, também retomar as rédeas de seus destinos. Elas não aceitam serem levadas por decisões governamentais que forçam a população a ser cúmplice de situações depreciadoras do planeta. Não querem fazer uso de energia nuclear, quando poderiam gerar eletricidade a partir do sol ou dos ventos, nem querem que suas casas sejam abastecidas com energia vinda de grandes hidrelétricas que inundaram gigantescas áreas onde antes viviam comunidades rurais e todo um ecossistema que foi, literalmente, afogado e destruído. Ainda, no que concerne à alimentação de suas famílias, essas ecovilas rejeitam o sistema agropecuário regido pelas grandes monoculturas, que destroem a biodiversidade e toda uma cultura ligada à terra, às sementes ancestrais, aos rituais de plantio e colheita, em nome da produção de *commodities* que empobrecem o solo e as pessoas.

Há incontáveis registros de conflitos entre populações e grandes corporações pela posse de recursos naturais. Na Bolívia, poucos anos atrás, um princípio de guerra civil foi instaurado depois que o governo decidiu privatizar o abastecimento de água – tendo desistido, logo depois, pela forte pressão popular – e impedir, inclusive, que as pessoas armazenassem água da chuva como forma de garantir acesso a um bem fundamental à vida, sem ter de pagar uma conta que, em questão de poucos dias, seria multiplicada centenas de vezes, inviabilizando, em muitos casos, o consumo mínimo para suas famílias. Outros casos, relatados impecavelmente pela ativista ambiental Vandana Shiva em seus livros, artigos e palestras, contam histórias de corporações que tomaram terras de milhares de agricultores tradicionais, para estabelecer monoculturas de soja e milho transgênicos. Acostumados a plantar diversas variedades de arroz e outros grãos, de sementes selecionadas das safras anteriores, comunidades inteiras se viram diante de situações que as impediam de, simplesmente, plantar suas próprias sementes.

Tomar de volta o controle dos recursos naturais mais fundamentais à sobrevivência significa, portanto, ter o direito de escolher o que elas querem comer, onde e em que tipo de casas elas desejam morar e se proteger, etc., sem que, para isso, elas tenham de se tornar reféns de uma conjuntura com a qual não concordam. Numa ecovila, tudo isso é resultado de reflexões e da construção de um ideal que geram um consistente *corpo de valores comuns*, o quarto aspecto que marca todas essas comunidades. Em geral, cada ecovila construirá o seu conjunto de propósitos capaz de unir pessoas e de mantê-las juntas, mesmo diante dos mais difíceis desafios. Cada comunidade, dependendo de seu contexto histórico, geográfico, cultural, social, econômico, enfim, de suas características locais, estabelecerá seus próprios valores que, de maneira geral, perpassarão temas relacionados à espiritualidade, ao livre pensar, à justiça global, ao servir aos outros e, muito claramente, à convicção de que é preciso trabalhar para restaurar o meio ambiente e a natureza (sobre a diferença entre estes dois assuntos, deixo como sugestão a leitura do título *Meio Ambiente & Natureza*, de Rita Mendonça, que integra esta Série Meio Ambiente).

Para Diana Leafe Christian, editora da revista *Communities* desde 1993 e liderança respeitada entre as comunidades intencionais em todo o mundo, esses valores comuns que cada ecovila adota para o grupo têm fundamental importância no sucesso das comunidades. Em seu livro *Creating a Life Together: Practical Tools to Grow Ecovillages and Intentional Communities*, ela estima que 90% das iniciativas de ecovilas jamais saem da esfera do sonho ou morrem depois de alguns primeiros passos. Segundo Diana, duas razões básicas são responsáveis pela alta taxa de fracassos: a primeira diz respeito a problemas com a posse e o uso da terra (questões legais que restringem o uso da área ou falta de clareza sobre quem tem, de fato, propriedade sobre a terra), e a segunda, que nos interessa mais imediatamente, está relacionada à inexistência ou falta de clareza acerca de acordos comunitários que possam guiar a ação do grupo em direção às suas aspirações, recolocando-o no eixo após momentos de crises e conflitos interpessoais – que, aliás, ocorrem de tempos em tempos, inevitavelmente.

Há dois documentos importantes que toda comunidade, o quanto antes, deve construir coletivamente. Um deles é a chamada "cola" da ecovila que, em geral, nasce com a formação do grupo nuclear da comunidade (ou seja, seus fundadores), que se une para "produzir alimentos saudáveis", "cultivar a simplicidade voluntária" ou "ser um laboratório de vida sustentável", entre outras ideias que constituem a razão fundamental a partir da qual nasce uma nova ecovila. Mas a cola, sozinha, mostra-se muito fraca no decorrer da caminhada do grupo, que precisa de mais elementos, mais clareza e autenticidade para manter a coesão necessária. É aí que deve entrar o trabalho de construção de uma "visão" da ecovila, um documento capaz de reunir os valores delineados e aceitos por todos e a intenção coletiva mais essencial, que sintetiza as aspirações de médio e longo prazos.

Na concepção de Diana, articular e registrar esta visão comum deve ser um dos primeiros objetivos de toda comunidade, sendo que esse documento somente terá efeito positivo quando puder expressar algo com que todos se identifiquem, em que possam se inspirar e com o qual estejam dispostos a se comprometer. Assim, em momentos de crise, recorrer à visão que uniu o grupo pode ajudar a fortalecer a persistência da comunidade – por essa razão, esse documento não deve ter caráter estático, mas estar sujeito a revisões periódicas que possam ajustar e acompanhar o ritmo de desenvolvimento e as mudanças que, certamente, farão parte da trajetória de toda comunidade, para que possa sempre representar autenticamente o espírito mais essencial da ecovila.

O último ponto comum ao universo das ecovilas recai sobre o desejo (e vocação natural) de constituírem-se como centros de pesquisa, educação, demonstração e/ou treinamento de técnicas e práticas sustentáveis. Cada uma descobrirá à sua maneira caminhos para disseminar suas experiências a um público maior, caminhos que possam expandir suas fronteiras e abranger moradores de outras regiões, interessados em aprender e conhecer novos horizontes de possibilidades. Este, aliás, é um aspecto das ecovilas que costuma funcionar muito bem como gerador de trabalho e renda para seus moradores, além de fortalecer sua missão como laboratórios de novos modelos de assentamentos humanos. É muito comum as ecovilas receberem grupos de estudantes e profissionais ligados às áreas de construção, agricultura, energia, gestão ambiental, educação, entre outras, para cursos, seminários, visitas guiadas e atividades afins.

Reunindo, por fim, estes cinco elementos que permeiam todas as ecovilas, Jonathan Dawson (2006) estabelece uma nova definição para essas comunidades:

> Ecovilas são iniciativas de cidadãos comuns, nas quais o impulso comunitário é de central importância, que buscam retomar, em alguma medida, o controle sobre os recursos da comunidade, que têm uma forte base de valores compartilhados (com frequência, entendidos como "espiritualidade") e que atuam como centros de pesquisa, demonstração e (na maioria dos casos) treinamento. (Dawson, 2006, p. 36)

Acrescento a este conceito um ponto crucial que, embora esteja implícito na definição de Dawson, merece vir à tona clara e objetivamente: o compartilhamento do território, ou seja, o estabelecimento de um espaço físico comum onde a vida comunitária acontece. É no território que o grupo se estabelece e cria condições de sobrevivência coerentes com seus ideais e metas. Não há ecovila sem território. Há casos de ecovilas que surgiram "do nada", em terras onde não havia uma única construção ou rede de abastecimento de água e energia. Há outras que, por sua vez, constituíram-se em prédios urbanos já existentes, em bairros já consolidados. De qualquer maneira, o uso comum da terra para atividades ligadas ao cultivo de alimentos, à produção de cultura, à educação e à governança da comunidade, para citar apenas alguns aspectos, está presente e marcadamente estabelecido.

Todas essas estratégias usadas pelas ecovilas para criar meios de produzir um viver mais autônomo em relação ao *mainstream*, mais independente de alinhamentos ideológicos governamentais ou de forças corporativas possibilitam um novo olhar sobre a formação e o desenvolvimento de assentamentos humanos, que tem muito a nos oferecer em termos de erros e acertos, inspirações, possibilidades. Sem dúvida, esse novo pensar aponta para o futuro sem desprezar aspectos do passado que se mostraram benéficos para as pessoas e o meio ambiente e traz um jeito especial e inovador de planejar e pousar a humanidade nesta que é nossa única morada possível. O planeta Terra clama, dia após dia, por uma civilização que seja capaz de sentir respeito e gratidão pela abundância de recursos que ela nos oferece e que tanto requer formas mais justas de interação e de distribuição.

A EXPERIÊNCIA BRASILEIRA

Na verdade, no Brasil o movimento das ecovilas ainda é muito recente e pouco difundido. Entre as mais conhecidas, podemos citar a Ecovila Clareando, em Piracaia, São Paulo, constituída oficialmente como um loteamento. Pouco mais de uma centena de pessoas integram a comunidade rural, embora em 2012 os moradores fixos fossem cerca de dez famílias. Os demais estão em fase de construção de suas casas (que deve seguir regras instituídas pela comunidade para garantir habitações mais sustentáveis) ou compraram lotes particulares, mas ainda não têm planos de construir. Na Clareando, a área de 23 hectares está dividida em três grandes zonas: uma residencial, onde estão os lotes particulares; uma comunitária, para a instalação de construções e equipamentos de uso coletivo; e uma de reflorestamento, para a expansão dos pequenos remanescentes de Mata Atlântica.

Foto 1. Vista geral da Ecovila Clareando, em Piracaia, interior paulista.
Crédito: Arquivo da autora.

Há ainda as ecovilas Terra Una (Liberdade, Minas Gerais), Aldeia Bio-regional Amazônica – Abra 144 (nas proximidades de Manaus, Amazonas), Viver Simples (Itamonte, Minas Gerais), Ecovila Cunha (Cunha, São Paulo), Ecovila Corcovado (Ubatuba, São Paulo), Aldeia Arawikay (Antônio Carlos, Santa Catarina), entre outras.

O fato de serem poucas não significa que não tenhamos outras comunidades estabelecidas como assentamentos menos impactantes ao meio ambiente ou agrupamentos preocupados com questões relacionadas à autossuficiência alimentar e energética. Boa parte deles, no entanto, não se autodenomina ecovila. É o caso de centenas de comunidades consideradas "alternativas", criadas principalmente a partir das décadas de 1960 e 1970, e que agregaram pessoas dispostas a buscar outro estilo de vida, em linhas gerais, mais ligado a uma relação íntima com a natureza, a um cotidiano mais simples e libertário (e, por isso, menos dependente do consumo de bens e serviços) e a um modo de viver mais centrado em atividades coletivas.

Muitas dessas comunidades representavam movimentos religiosos e linhas esotéricas de diversas origens. Nelas era comum encontrar manifestações que estavam relacionadas a temas como terapias alternativas de cura, filosofia oriental, artes em geral, alimentação natural e autoconhecimento. Já outras foram fundadas por pequenos grupos de famílias de imigrantes que, mais do que formar uma colônia, chegaram ao país com um propósito específico, como desenvolver uma comunidade baseada em artes ou em certas práticas de agricultura.

Desde 1978, uma parte dessas comunidades mantém contato entre si por meio da Associação Brasileira de Comunidades Aquarianas (Abrasca) que, desde então, realiza anualmente o Encontro Nacional das Comunidades Alternativas (Enca), o principal encontro do gênero no país até hoje. O evento ocorre sempre em uma das comunidades integrantes da entidade, que recebe os convidados – às centenas – para uma série de atividades que costumam durar entre dez e quinze dias. Normalmente acampados, os participantes se unem para o intercâmbio de informações, práticas de economia solidária (com a troca de produtos, sementes tradicionais, etc.), oficinas de ioga, culinária vegetariana, bioconstrução, mutirões de trabalho, entre outras inúmeras atividades.

Naquela época, ecovila era um termo que simplesmente não existia por aqui. As questões mais em pauta nos Encas, como relata Caravita (2012), estavam relacionadas à medicina alternativa e à alimentação natural. Apenas para termos uma ideia, o autor descreve que o Enca de 1985 contou com a presença de mais de 3 mil pessoas, na fazenda Nova Gokula, em Pindamonhangaba, no interior paulista. Entre eles, estavam personalidades como Fernando Gabeira e o professor de ioga Hermógenes de Andrade Filho.

A partir dos anos 1990, os Encas passaram a reunir pessoas ligadas a movimentos ambientalistas que tinham relação com bioconstrução, permacultura, movimentos de retorno ao campo e de populações rurais, economia solidária, ecologia, etc. Aos poucos, esses temas foram penetrando nas comunidades alternativas, até que, em 1995, com a criação da Rede Global das Ecovilas (na Europa), um braço da instituição passou a divulgar os ideais das ecovilas também nos encontros de comunidades alternativas.

Era o início da Rede das Ecovilas das Américas (ENA), que, de fato, não chegou a ter uma grande influência no país por representar, ao mesmo tempo, realidades muito distintas: as ecovilas e as comunidades intencionais da América do Norte e os assentamentos ecológicos sul-americanos. Mesmo assim, pequenos encontros envolveram brasileiros, com o objetivo de promover cursos sobre ecovilas e soluções sustentáveis para comunidades. Em documento oficial, a ENA estabelecia sua missão como sendo: "Envolver os povos das Américas em um esforço comum de união para a transformação global em direção a um futuro ecológica, econômica e culturalmente sustentável".[8]

Em meados de 2012, a ENA foi reformulada e desmembrada em duas instituições: a Rede das Ecovilas da América do Norte (Enna) e o Conselho de Assentamentos

---

[8] Disponível em http://www.ena.ecovillage.org./index.php?option=com_content&view=article&id=50&Itemd=93&lang=em. Acessado em 30-4-2013.

Sustentáveis das Américas (Çasa), com foco nas comunidades latinas, especialmente as da América do Sul.

Conforme explicado em carta enviada aos membros da ENA no Brasil, a justificativa para tal separação partiu de duas principais motivações. A primeira delas foi a de aumentar a representatividade e a autonomia latino-americana na GEN, já que a região sul-americana possui características culturais significativamente diferentes da América do Norte. A segunda, por sua vez, foi a de:

> Criar uma rede latino-americana que pudesse ser mais inclusiva quanto às diferentes iniciativas existentes de "assentamentos humanos", já que o termo "ecovila" por si só não inclui uma série de comunidades e projetos existentes na América Latina. Ou seja, o Casa inclui, além das experiências e projetos de ecovilas, grupos e institutos de permacultura e tecnologias sustentáveis, projetos de educação, comunidades indígenas e tradicionais, ecobairros, caravanas, chasquis, vilas e cidades em transição, entre outros projetos que difundem um modo de vida regenerativo e mais sustentável.[9]

Com a criação do Casa, o movimento de ecovilas no Brasil abriu as portas para agregar diversos outros assentamentos e projetos relacionados à questão da sustentabilidade. Estima-se que existam cerca de oitenta ecovilas no país, sendo que parte delas são, na verdade, centros de permacultura,

---

[9] Disponível em http://www.casacontinental.org. Acessado em 30-4-2013.

pousadas de turismo ecológico, comunidades alternativas e projetos que desenvolvem atividades ligadas à educação ambiental, bioconstrução e agricultura familiar orgânica. Entre os centros de permacultura, destacamos o Instituto de Permacultura e Ecovilas do Cerrado (Ipec), em Pirenópolis, Goiás; o Instituto de Permacultura e Ecovilas da Mata Atlântica (Ipema), em Ubatuba, São Paulo; o Instituto de Permacultura: Organização, Ecovilas e Meio Ambiente (Ipoema), nos arredores de Brasília, Distrito Federal; o Centro Ecopedagógico Bicho do Mato, em Recife, Pernambuco; e o Instituto de Permacultura da Bahia, em Tucano, Bahia.

Há ainda outra entidade criada para agregar assentamentos sustentáveis, que leva o nome de Movimento Brasileiro de Ecovilas, coordenado pelo médico Marcio Bontempo, um dos pioneiros nos encontros de comunidades alternativas. Assim como o Casa, o MBE trabalha para disseminar os valores defendidos por esses agrupamentos ecológicos e está empenhado em realizar um levantamento de iniciativas brasileiras, com o objetivo de, a partir dele, conseguir entender melhor como elas funcionam, o que almejam e de que maneira podem se beneficiar com a troca permanente de experiências.

Em um primeiro momento, a diversidade de iniciativas pode até diluir parte dos valores e princípios que costumam reger as ecovilas – pelo menos aquelas que estão organizadas em redes. Mas não se trata de uma carta de princípios a ser seguida por todos, a partir da experiência dos assentamentos mais antigos, estabelecidos principalmente na Europa. Como as próprias redes de ecovilas brasileiras já perceberam, é preciso criar um caminho próprio, autêntico, que seja capaz de se relacionar de forma mais efetiva com a realidade local.

Muitas ecovilas europeias e norte-americanas surgiram como uma tentativa de propor outro modelo de vida, que não fosse aquele evidenciado pelo desenvolvimento industrial. Acontece que no Brasil – e em tantos outros países do hemisfério Sul – essa industrialização ainda não chegou a ocorrer por completo. Por aqui, a criação de ecovilas e assentamentos "alternativos" está mais ligada à explosão das cidades, em detrimento do campo. Na maioria dos casos, é o desejo de regressar à terra e de negar o novo estilo de vida urbano que está por trás do impulso de uma vida mais comunitária.

Tomo emprestadas as palavras de Marian Zeitlin, uma das pioneiras no movimento de ecovilas no Senegal, citada por Dawson (2006), que dizia que em seu país tornar-se uma ecovila não é menos do que o ato de defender a integridade espiritual e cultural, o orgulho pelas tradições, a herança de ajuda mútua, a solidariedade comunitária, a autoconfiança e o respeito próprio que haviam sido perdidos por conta dos processos de colonização. Da mesma maneira, aqui no Brasil, refletir e propor alternativas – ecovilas, centros de permacultura, bairros em transição, sítios ecológicos, etc. – significa a possibilidade de frear o paradigma do crescimento e do desenvolvimento econômico, que sabemos ser a raiz de muitos dos problemas vividos hoje pelos povos do hemisfério Norte, onde esse modelo se apresenta em estágios mais "avançados".

Nesse contexto, saberes tradicionais e as diversas manifestações de cultura regional que compõem esse mosaico vivo de propostas para o Brasil – assim como novas tecnologias verdes, ideias para uma agricultura mais saudável e tantos outros elementos que surgem como contemporâneos – devem ser vistos como aliados da construção dessa nova sociedade e a partir de caminhos próprios.

Nos capítulos a seguir, veremos de que formas as ecovilas estão em busca de saídas para um maior equilíbrio entre exploração e devolução dos recursos naturais e, ainda, como as lições testadas, experimentadas e aprendidas pelas ecovilas se relacionam com as questões socioambientais que estão inegavelmente colocadas diante de todos nós.

POR UM NOVO MODELO DE ASSENTAMENTO HUMANO

Dois olhares sobre as cidades são suficientes para notarmos uma grande lista de desafios para uma aquisição efetiva do que chamamos sustentabilidade. Um voo panorâmico sobre esses grandes assentamentos humanos nos possibilita enxergar, sem esforços, grandes áreas de solo impermeabilizado pelo asfalto (que privilegia carros em vez de pessoas), pedacinhos esparsos de florestas comprimidos entre prédios, montanhas de resíduos depositados na terra, lançados na água e no ar, esgoto despejado em córregos e rios, casas construídas em áreas de risco e de proteção ambiental, expansão urbana sem qualquer tipo de planejamento, trânsito caótico, além de pouquíssimas (até mesmo nenhuma, em alguns casos) áreas de agricultura urbana para suprir a demanda da população. Também é possível notar que são raríssimas as cidades ou pequenos aglomerados urbanos que têm autonomia para gerar energia elétrica, abastecer a população com água potável e tratar os efluentes domésticos e industriais. De modo geral, os itens mais essenciais consumidos por seus moradores (água, energia e alimentos) vêm de lugares cada vez mais distantes – por conta da exploração desenfreada, sem estratégias que possam garantir sua continuidade por um tempo indeterminado – o que aumenta consideravelmente o consumo de combustíveis fósseis para o transporte e os gastos referentes à construção de mais estradas intermunicipais e grandes rotas de avenidas internas para o escoamento desses bens e serviços.

Os governos municipais, regra geral, não têm condições ou sequer pretensões de conquistar autonomia no abastecimento de recursos básicos à população. Tomando as cidades brasileiras como ponto de partida, podemos ver que elas dependem de hidrelétricas instaladas a milhares de quilômetros de distância, de fontes de água potável situadas em cidades menores e cada vez mais distantes – que, por conta da falta de investimento no "desenvolvimento local", mantiveram mais limpas suas reservas hídricas – e, ainda, de produtos alimentícios que viajam o país sem que possamos saber ao certo sua origem. E há, ainda, o problema dos resíduos urbanos que, com os aterros das grandes cidades completamente saturados, acabam sendo levados para as cidades menores, onde estão – que ironia! – a água e parte dos alimentos que suprirão as necessidades dos grandes centros urbanos. Repare: as grandes cidades descarregam lixo e esgoto nos municípios menores que, por sua vez, devolvem a falta de gentileza com água limpa e alimentos – até o momento em que elas não puderem mais suportar os *inputs* indesejáveis e sucumbirem também aos efeitos do modelo de crescimento que elas seguem, ao espelharem-se nas mesmas cidades que já mostram claros sinais de decadência.

Em suma, o nível de autossuficiência em diversos aspectos importantes de uma cidade tem diminuído a passos largos e constantes. É como se as cidades fossem organismos incrivelmente anômalos, que não param em pé por conta própria e que, portanto, dependem enormemente de conjunturas externas que fogem de seu mínimo controle. Como política nacional, podemos dizer que a lógica vigente segue um modelo de estruturas megalomaníacas centralizadas: grandes hidrelétricas, grandes reservatórios de água, monoculturas agrícolas a perder de vista. A partir desses pontos produtivos intensamente concentrados, os recursos são distribuídos por uma rede que requer altos investimentos em infraestrutura urbana e são focos naturais de povoamento sem planejamento – que, consequentemente, passarão, em pouco tempo, a exigir investimentos em habitação, saneamento básico, transportes, segurança, educação, etc., dando movimento e velocidade a um ciclo nada virtuoso.

Quando o assunto é sustentabilidade, descentralizar parece ser o melhor caminho, dizem os especialistas. Por exemplo, ao invés de termos poucas e enormes usinas de geração de energia, seria mais razoável mantermos várias pequenas centrais de produção energética, espalhadas por nosso território-continente e, para isso, fontes renováveis (energia solar, eólica e de biomassa, principalmente) tendem a ser opções mais sensatas, além de mais sustentáveis. Da mesma forma, cinturões verdes produtivos, ou seja, de agricultura periurbana, são excelentes estratégias para garantir à população alimentos mais frescos, saudáveis, leves em petróleo (por conta do transporte reduzido) e de menor impacto ambiental.

Outro aspecto importante a ser considerado está relacionado à linearidade com a qual a imensa maioria das cidades – e dos pequenos vilarejos – trata a entrada e a saída de recursos de seus territórios. Elas necessitam de insumos (*inputs*) que vêm de fora e também levam para fora de seus limites territoriais tudo aquilo que elas não mais desejam (*outputs*). Deste modo, não somente não investem em autossuficiência como também desperdiçam recursos que poderiam ser reciclados ou reaproveitados para retornar ao ciclo produtivo. Cidades que mantêm cooperativas de materiais recicláveis, por exemplo, geram trabalho e renda a partir dos resíduos produzidos pela população, além de dar uma destinação ambiental mais adequada e de suprir, muitas vezes, algumas indústrias locais com insumos que reduzem o consumo de água e energia nas fábricas e diminuem a pressão para a extração de mais matérias-primas virgens. Na conta final, dar uma destinação interna aos *outputs* que seriam um problema é uma das maneiras de pensar as cidades tendo a sustentabilidade como horizonte.

Em todo o mundo, os centros urbanos estão se transformando em dormitórios para pessoas que trabalham em outros lugares (ou, no mínimo, em bairros distantes de suas casas) ou que usam as telecomunicações como principal fonte de geração de renda, sem que haja uma ligação mais concreta com o território. Como escreveu o especialista em cidades sustentáveis Herbert Girardet, em seu livro *Creating Sustainable Cities*, movimentar pessoas e bens por longas distâncias está se tornando a norma entre as cidades. Hoje, na visão do autor, não vivemos mais em uma *civilização*, mas em uma *mobilização* – de recursos naturais, de pessoas e de produtos.

Do olhar mais panorâmico para um mais aproximado, no exato alcance dos nossos olhos de cidadãos que pisam calçadas impermeáveis, têm pouco contato com áreas verdes e enfrentam o horário de *rush*, o ambiente urbano pouco ou nada tem inspirado esperança de dias melhores para seus moradores. Essa mobilização frenética tem sido relacionada ao aumento de doenças como estresse, depressão, síndrome do pânico, distúrbios do sono, dependência química, alcoolismo, etc. Viver numa cidade sem ter experiências mínimas de *comunidade*, ou seja, sem vivências mais ligadas às pessoas, ao território mais próximo a elas (sua vizinhança, especialmente), a um passeio na praça em frente ao prédio, conversas com vizinhos, enfim, a uma atmosfera humana mais gentil, também não tem colaborado para criar uma consciência ou um interesse em tornar o lugar onde se vive mais agradável, saudável, amoroso e fértil para o desenvolvimento de habilidades, saberes e trocas solidárias.

Há certa alienação, desilusão e desânimo no ar das cidades, um gosto pela privacidade que se confunde com solidão, individualismo e insegurança. As pessoas acordam e vão dormir apenas para atender e responder aos estímulos velozes por mais trabalho, dinheiro e consumo, de uma maneira cada vez mais hostil e impessoal – ainda que inconscientemente – e, assim, aumentam o ritmo da roda que gira sem parar em direção a um vazio ainda maior e mais profundo.

O economista e filósofo E.F. Shumacher escreveu em vários de seus livros sobre três conceitos que ele considerava importantes para cidades mais plenas: escala apropriada, integralidade e conectividade. Estas três qualidades estão intimamente ligadas a um processo necessário que consiste em trazer de volta ao cenário das cidades o meio ambiente como ator local e, com ele, uma abordagem mais holística, uma visão sistêmica e um tratamento dos desafios que possa ser essencialmente interdisciplinar. Juntos, estes aspectos nos falam sobre a necessidade de estabelecermos cidades, bairros, vizinhanças, enfim, agrupamentos humanos de maneira que todo cidadão possa ser capaz de se sentir apto a influenciar as decisões que dão forma ao seu cotidiano. Além disso, é preciso olhá-los como um todo, evitando compartimentá-los em caixinhas independentes, tais como sua economia, sua arquitetura e sua infraestrutura, sua cultura ou suas características ambientais.

DESIGNERS DE COMUNIDADES SUSTENTÁVEIS

A proposta das ecovilas de criar assentamentos mais sustentáveis parte desse sombrio cenário contemporâneo das cidades para estabelecer parâmetros que possam atravessar, um a um, os desafios impostos pelo modelo predominante de desenvolvimento social, tanto no ambiente urbano quanto nas áreas rurais. Em cada uma dessas comunidades, surge, então, de forma natural, a figura do *designer de comunidade*, que pode ser um indivíduo ou um grupo de indivíduos empenhados em pensar a maneira como será estabelecido o *masterplan* ou, em outras palavras, o *design* físico – e, mais adiante, social – do novo assentamento sonhado por eles. Mesmo que sua execução seja pensada em várias etapas, que podem levar anos e anos (de acordo com a disponibilidade de recursos financeiros, trabalho comunitário ou mão de obra contratada, entre outros fatores), o planejamento inicial costuma considerar a área da ecovila como um todo e de maneira integrada ao meio ambiente, para que, assim, a comunidade possa caminhar concretamente por uma escada ascendente de sustentabilidade.

Cada aspecto pertinente a um assentamento humano terá de ser pensado para ser mais autossuficiente e menos dependente de contextos externos que possam limitar as escolhas que se pretende fazer dentro das novas fronteiras, recusando a cumplicidade passiva diante de aspectos sobre os quais, sem autonomia, as ecovilas não teriam condições de renegar. Fazem parte da lista itens como zoneamento da área (para definir setores residenciais, áreas comunitárias, de reflorestamento, de plantio de alimentos, de pequenos negócios, etc.), estratégias para o suprimento de água e energia, um planejamento urbanístico para a abertura de ruas, praças, locais de lazer, etc., moradias mais sustentáveis, entre muitos outros.

Por mais que os "ecovileiros" estejam focados em fazer diferente (como na máxima de Mahatma Gandhi, que dizia: "*Seja* a mudança que você quer *ver* no mundo"), eles sabem que a tarefa não é simples, não conta com um manual de instruções ou com um receituário capaz de indicar os passos para o sucesso da comunidade. Em cada ocasião, será preciso estudar o território local, pesquisar e abusar da criatividade para desenvolver, na área escolhida para dar vida à ecovila, ferramentas habilitadas para desconstruir equívocos, falhas e desajustes que eles apontam nas cidades e, ao mesmo tempo, indicar alternativas que possam ser usadas para construir, então, um caminho mais condizente com seus valores e suas crenças.

Não são raros os casos em que a legislação vigente na área da futura ecovila pode restringir parte considerável das aspirações da comunidade. No Brasil, por exemplo, não existe a figura jurídica da ecovila. Por isso, há casos em que a ecovila se estabelece legalmente como um condomínio ou loteamento, o que implica seguir a cartilha determinada para este tipo de "empreendimento imobiliário", ainda que os *designers* da comunidade apresentem ideias inovadoras e aparentemente bastante razoáveis. Nos Estados Unidos, segundo conta a consultora de comunidades Diana Leafe Christian (2003), muitas ecovilas falham pela falta de uma consulta prévia detalhada às leis que vigoram em sua localidade (especialmente as regras de zoneamento e o código de obras do município), que podem por em risco o plano inicial de estabelecer certo nível de adensamento populacional ou o número e as tipologias de construções.

Em algumas circunstâncias, é preciso usar a criatividade para dar seguimento ao plano original – fazendo algumas adaptações imprescindíveis – sem descumprir as leis. Em outras, pode valer a pena propor ao governo algumas alterações legais que possam incentivar a incorporação de soluções sustentáveis que ainda não foram integradas ao conjunto de normas locais de construção civil, por exemplo. No estado norte-americano do Novo México, um caso emblemático ocorreu com o arquiteto Michael Reynolds, que estava implantando uma comunidade alternativa em uma área comprada por ele e alguns amigos. Reynolds queria usar seu conhecimento técnico para construir casas que pudessem ser autossuficientes em água, energia e saneamento básico, ou seja, que fossem totalmente independentes das redes públicas de abastecimento.

Suas construções, batizadas de *earthships*, foram explicitamente concebidas como moradias experimentais, erguidas a partir de materiais recicláveis e reciclados (como latas de alumínio, garrafas plásticas e de vidro, pneus usados, etc.). Após enfrentamentos na justiça, o arquiteto teve sua licença profissional caçada no estado, sob a alegação principal de que sua arquitetura colocava a população em risco iminente. As obras na comunidade foram embargadas e, sem poder trabalhar, Reynolds passou a tentar elaborar um projeto de lei para a criação e a liberação de uma área para experimentos (tal como se faz com armas nucleares, remédios e organismos transgênicos) em arquitetura sustentável, com o objetivo de testar novas formas de construir, com materiais considerados lixo, e de modo a permitir que a casa se tornasse independente das empresas fornecedoras de energia e água. O que ele tinha em mente? Os desafios colocados a todos nós pelo aquecimento global.

Depois de várias derrotas no legislativo e de ajudas humanitárias concedidas a locais atingidos por desastres naturais (nos quais o arquiteto e sua equipe de trabalho ajudaram a população a reerguer suas casas usando restos de materiais disponíveis em cada região), Reynolds conseguiu finalmente a aprovação de seu projeto de lei e mudou parte das regras de construção no Novo México (esta é a história central do documentário *Garbage Warrior* – ou *Guerreiro do lixo*, na tradução livre para o português – do diretor Oliver Hodge).

Além da legislação local, outra questão importante a ser considerada no planejamento de uma ecovila passa pela escolha do território. Se a ideia essencial é criar um modelo de assentamento mais sustentável, soa incoerente, para dizer o mínimo, adquirir uma terra em área de natureza ainda muito preservada, pois a simples abertura de ruas e terrenos para as construções significaria um impacto ambiental considerável. Por isso, é mais comum encontrar comunidades que se desenvolveram em áreas rurais antes degradadas – que, com a chegada da ecovila, tiveram partes reflorestadas e nascentes protegidas, por exemplo – ou em terrenos e prédios urbanos que passaram por uma evidente revitalização ou *retrofit* (termo usado para designar reformas que têm o objetivo de tornar os edifícios mais eficientes do ponto de vista ambiental, especialmente no que concerne à eficiência energética e ao uso racional da água).

De modo geral, é possível dizer que há dois grandes tipos de abordagens usadas pelas ecovilas para a concepção de assentamentos com bons níveis de sustentabilidade – conforme relata Dawson (2006): um tratamento que privilegia o uso de tecnologias menos complexas (*low-tech*), como o que ocorre na ecovila alemã Sieben Linden, na qual há uma tentativa consciente de redução drástica do uso de combustíveis fósseis, além da clara intenção de simplificar o *design* e de reduzir as necessidades e os custos dos moradores, dando preferência, tanto quanto possível, a materiais reciclados e disponíveis localmente; e, como contraponto, uma abordagem que parte do uso das mais altas tecnologias ecológicas (*high-tech*), ainda que elas custem mais do que as opções convencionais. Este é o caso do Centre for Alternative Technology (CAT), situado no País de Gales.

A escolha por um ou outro caminho depende da "cola" da ecovila, isto é, daquilo que uniu e ainda mantém as pessoas associadas em torno do sonho. Em geral, embora isto não seja uma regra, comunidades nascidas em países em desenvolvimento ou em berço banhado de cultura tradicional tendem a seguir uma rota mais simples, ligada ao cultivo da terra, ao suprimento das necessidades mais básicas, com muita simplicidade – o que não significa pobreza, escassez de recursos ou coisas do gênero. A escolha das tecnologias (como veremos adiante) é feita para que todos possam caminhar em direção à autonomia, a um grau maior de independência do mercado – em outras palavras, o que se quer é não ter de ir às compras para garantir uma vida digna, rica em experiências e aprendizados. São as próprias pessoas da comunidade que criam seus equipamentos, com criatividade e critérios fortemente fincados no desejo de não agredir o meio ambiente ou a saúde e o bem-estar do grupo.

Seja como for, o planejamento e o *design* da ecovila têm fundamental importância no desenvolvimento da vida em comunidade. A forma que o assentamento assumirá tem a missão de refletir os valores mais caros e essenciais a seus moradores, como um reflexo de suas paisagens internas, seus anseios para o mundo presente e para as futuras gerações. Por isso, cada escolha é feita com cuidado, critérios e muita pesquisa. Todo passo dado pelo grupo é resultado de reflexões profundas a respeito do que ele rejeita no mundo externo e, portanto, não quer repetir dentro da ecovila. Suas casas não são de terra, fardos de palha ou tijolos artesanais porque eles querem simplesmente "ser diferentes" ou porque se trata de pessoas excêntricas, mas, sim, são consequência de uma análise séria acerca do modelo de construção civil que impera nos dias de hoje, sobre o qual trataremos a seguir.

UM OLHAR SOBRE A CONSTRUÇÃO CIVIL

O setor da construção civil é considerado hoje um dos grandes "vilões" quando o assunto é sustentabilidade. Especialistas estimam que esta atividade, embora movimente a economia de maneira inquestionável, é responsável por 40% do consumo de toda a energia produzida no planeta, além de 40% do consumo de água (considerando toda a cadeia produtiva envolvida) e de 40% de todos os recursos naturais extraídos da Terra. Bom seria se, ao menos, toda essa energia produzisse um impacto realmente positivo na vida das pessoas, o que não é verdade, se considerarmos os bilhões de seres humanos que vivem em moradias precárias ou não têm sequer um teto para se abrigar. O déficit habitacional no planeta convive com extravagâncias, tais como construir cidades nos moldes das ilhas artificiais de Dubai – que são resultado de inestimáveis investimentos em infraestrutura, gastos imensuráveis de materiais e energia e, principalmente, de um jeito de pensar o mundo que já não cabe mais na Terra.

De modo geral, o grande motor desse segmento é o cimento, o segundo produto mais consumido pela humanidade, atrás apenas da água. Não à toa, as indústrias cimenteiras são responsáveis por 5% de todo o volume de gases de efeito estufa (GEE) emitidos na atmosfera, intimamente relacionados a uns dos principais desafios ambientais deste século: o aquecimento global. Isso ocorre porque para cada tonelada produzida de clínquer (o principal componente do cimento, obtido da mistura e da queima de calcário e argila, que depois recebe diversos tipos de adições, em diferentes proporções), outra tonelada de CO_2 é lançada aos céus como resíduo inevitável desse processo físico-químico. Para se ter uma ideia, somente em 2009 foram utilizados 20 bilhões de toneladas de concreto em todo o mundo.

No Brasil, que disputa com os Estados Unidos o terceiro lugar em consumo mundial de cimento (atrás apenas da China e da Índia), as cimenteiras são consideradas modelos internacionais de sustentabilidade, exatamente por conseguirem, por meio de tecnologias, reduzir o teor de clínquer na composição de alguns tipos de cimento, como o CPIII, encontrado na região Sudeste (que leva entre 35% e 70% de escória de siderúrgicas, um material nobre que sobra da fusão de minério de ferro, coque e calcário) e o CPIV, mais comum no sul do país (que incorpora pozolanas, resíduos de termelétricas). Ainda assim, a produção e o consumo de qualquer tipo de cimento geram impactos ambientais consideráveis que, com o consumo acompanhando o crescimento da nação, não apresentam qualquer perspectiva de curva descendente.

Se considerarmos, ainda, que o cimento é produzido em algumas dezenas de indústrias e levado para os quatro cantos do país por transportes movidos a combustíveis fósseis, que grandes áreas têm suas paisagens absolutamente alteradas para a extração de calcário (matéria-prima do clínquer), que o processo fabril envolve um gigantesco consumo de energia, que o desperdício de cimento nos canteiros de obras ainda é significativo e que a destinação dos resíduos da construção civil é outro grande problema ambiental, podemos concluir que o uso do cimento – tal como defendem muitos "construtores de ecovilas" – em obras que procuram seguir uma cartilha mais sustentável, deve ser dosado ao mínimo possível.

É por essas razões que muitos *designers* de comunidades procuram alternativas para o cimento e o concreto nas habitações e demais construções que farão parte da infraestrutura da ecovila. Da mesma forma, outros materiais bastante comuns em todo tipo de obra (areia, argila, vergalhões de ferro, tintas, produtos de alumínio e aço, revestimentos cerâmicos, metais sanitários, vidros, entre muitos outros) e que também vêm de cadeias produtivas de alto impacto ambiental são usados com parcimônia – e os fornecedores são escolhidos de acordo com o nível de compromisso que estabelecem com a sociedade e o meio ambiente.

Outro dado alarmante que está relacionado à construção civil diz respeito ao uso indiscriminado da madeira. Um levantamento feito no Brasil mostrou que cerca de 30% de toda a madeira retirada da Amazônia é usada na região Sudeste do país como fôrmas e escoras de construção que, após terem sido empregadas duas ou três vezes, perdem a utilidade, são descartadas e substituídas por novas fôrmas de madeira das nossas florestas. Nessa seara, o grande problema não está no uso do material, mas sim em sua origem, muitas vezes ligada à extração ilegal, feita sem manejo ou qualquer tipo de controle para garantir a manutenção das reservas naturais e o equilíbrio dos ecossistemas.

Historicamente, o desflorestamento quase total ocorrido nos países que se industrializaram mais rapidamente levou muitas nações a investir na exploração madeireira em países do hemisfério Sul. Com a escassez de áreas florestais, surgiram as florestas plantadas, quase sempre grandes monoculturas de eucalipto e de outras poucas espécies. Atualmente, muitos especialistas já consideram que estas áreas de reflorestamento são pobres em biodiversidade – por serem monoculturas – e não têm a mesma função ambiental das florestas naturais que compõem ecossistemas completos. Assim, imaginar que a solução para o uso da madeira está na produção em massa de duas ou três espécies não chega a ser um caminho viável.

Em todo o mundo, temos visto esforços para disseminar o desenvolvimento de cadeias produtivas mais sustentáveis, que centram foco na madeira proveniente de florestas certificadas por entidades de credibilidade no mercado. Estas empresas estabelecem procedimentos e limites para o corte de madeira, de modo que a mesma área florestal possa ser explorada de maneira a se sustentar com vigor e biodiversidade por tempo indeterminado. Um dos grandes desafios, ainda a ser transposto, é conseguir viabilizar economicamente a extração sustentável da madeira, para que o mundo entenda, na prática, que o real tesouro está nas florestas mantidas em pé. Até lá, a regra nas ecovilas é usar madeira de origem controlada e, sempre que possível, reaproveitar peças descartadas, como postes de iluminação pública, dormentes de ferrovias, madeira de poda urbana, portas e janelas de demolição, etc.

Algumas comunidades, como a Findhorn, na Escócia, mantêm uma área de florestas para consumo interno de madeira em obras e no aquecimento das casas, principalmente. A ecovila escocesa, aliás, foi muito além de suas fronteiras ao estabelecer, em 1981, a ONG Trees for Life, responsável por um projeto premiado de restauração das florestas naturais das Highlands, das quais resta hoje apenas 1% de sua cobertura original. Outro caso interessante – de reflorestamento e não de exploração sustentável da madeira – é o da ecovila Las Gaviotas, na Colômbia, que já plantou mais de 8.000 hectares de árvores numa área de savana tida como improdutiva por séculos, por conta do solo ácido. Pouco mais de uma década depois, a nova floresta provocou um aumento de 10% no índice pluviométrico da região, que deixou para trás o rótulo de terra árida para se tornar uma importante fornecedora de água potável.

Voltando à construção civil, há ainda vários outros aspectos que levam as ecovilas a serem muito criteriosas na escolha dos materiais e das técnicas construtivas que farão parte do assentamento. O modelo predominante de prédios e edifícios é visto nessas comunidades como altamente agressivo à natureza e ao meio ambiente. A cultura do desperdício nos canteiros de obras ainda flagra uma completa ausência de consciência, que ressoa como mais demanda por materiais (e, portanto, por todo o giro da cadeia produtiva que envolve a fabricação de cada um deles) e por mais geração de entulho. Este, por sinal, é tema de legislações no mundo todo, dado o potencial contaminante que certos materiais apresentam. Divididos em grupos, eles precisam receber tratamentos diferentes e isso requer canteiros organizados, em que cada tipo de resíduo possa ser armazenado separadamente e, depois, destinado ao local mais adequado. Apesar de existirem leis para regulamentar a atividade, poucas construtoras conseguem, de fato, cumpri-las e acabam recorrendo a saídas pouco ou nada sustentáveis, como contratar empresas clandestinas (não cadastradas nas prefeituras locais) para a retirada do entulho (costumeiramente descartado em locais proibidos, a despeito de qualquer bom senso, regra ou legislação).

Restos de tintas e vernizes, por exemplo, são altamente poluentes quando em contato com o solo e com a água. Sobras de cimento, concreto, tijolos e telhas devem ser descartadas em aterros adaptados e habilitados para receberem resíduos inertes, nos quais são acondicionados em grandes valas impermeabilizadas para evitar contaminações. Dado o volume de entulho gerado nas regiões metropolitanas (só na cidade de São Paulo, estima-se que sejam produzidas 17 mil toneladas de entulho por dia), estes aterros têm uma vida útil relativamente curta, o que gera, de tempos em tempos, a necessidade de buscar novos locais para o despejo dos resíduos. O resultado é que, nos grandes centros urbanos, as áreas para a destinação final de entulho acabam se afastando cada vez mais dos pontos de geração desse tipo de lixo, tornando a gestão desses materiais, seu transporte e sua contabilidade ambiental mais caros e complexos em termos de logística.

Alguns materiais de construção derivados do plástico (tubos e conexões hidráulicas, mantas asfálticas para lajes e coberturas, produtos de PVC, isopor, entre tantos outros) demoram centenas de anos para se decompor na natureza e são motivo de preocupação – basta lembrar, não sem tristeza, das imagens chocantes dos oceanos de plástico que acumulam, por conta das correntes marítimas, boa parte do lixo despejado, indevidamente, nos mares. Se considerarmos que uma parte muito pequena das cidades conta com aterros sanitários para resíduos domésticos, fica mais fácil entender que a destinação de outros tipos de materiais, que exigem um descarte controlado, também encontram falhas significativas.

Além do desafio da gestão do entulho, o setor da construção carrega ainda dilemas relacionados à baixa qualificação de sua mão de obra. Muitos trabalhadores entram em equipes de trabalho sem nenhum tipo de treinamento, sem falar nas autoconstruções que pulverizam nosso planeta com maus exemplos de habitações, muitas vezes inseguras e de pouca qualidade para seus moradores. As precárias condições de trabalho e remuneração são alavancas que impulsionam práticas de um círculo vicioso que engloba desde desperdícios e mais geração de lixo até migrações de trabalhadores para polos com alto índice de construções – que resultam em novos bairros periféricos, desestruturados e sem atendimento básico, uma roda-gigante cujo movimento parece não ter freio.

QUALIDADE AMBIENTAL DAS CONSTRUÇÕES

Todo esse conjunto de elementos mensuráveis já seria suficiente para fazer com que, para a construção de moradias e equipamentos comunitários, qualquer iniciativa de criar um assentamento sustentável passasse por uma completa revisão de princípios. Mas há, por fim, outro aspecto bastante questionado pelas ecovilas: a qualidade ambiental dos edifícios construídos sob as bases do modelo convencional. Nas últimas décadas, a humanidade criou milhares de novos compostos químicos cujos efeitos para a saúde humana e do meio ambiente ainda foram pouco estudados, e que entraram na formulação de diversos materiais de construção. Eles estão em ambientes fechados, pouco ventilados, iluminados e climatizados artificialmente (não raras vezes juntos e sem que haja uma manutenção adequada dos equipamentos).

O resultado é que os edifícios estão se tornando foco de doenças provocadas por agentes biológicos (fungos, mofo, bactérias, vírus, etc.), agentes químicos (formaldeído, solventes, compostos orgânicos voláteis presentes em tintas e vernizes, entre outros) e até mesmo agentes inertes inaláveis (lã de vidro, microfibras de amianto e poeiras de diversas origens). O problema já foi detectado em diversas pesquisas científicas e recebeu o nome de síndrome do edifício doente, reconhecida até mesmo pela Organização Mundial de Saúde.

Recentemente, um estudo divulgado pela revista *Environmental Health* mostrou que 60% das pessoas que permanecem apenas durante algumas horas nesses ambientes fechados – que tanto são cultuados como uma mostra do poder tecnológico da humanidade – apresentam dores de cabeça, náuseas, ressecamento da mucosa nasal, agravamento de sintomas de rinite alérgica e asma, tonturas e fadiga – problemas que, na maior parte dos casos, são aliviados pouco tempo depois de elas deixarem esses locais. Arquitetos do mundo inteiro, envolvidos em projetos que se pretendem mais sustentáveis, sabem da importância de conceber, desde o projeto, ambientes internos salubres e confortáveis para os futuros usuários. Mas a tônica do momento ainda é construir arranha-céus envidraçados (independentemente de qualquer observação ao clima local), totalmente isolados do mundo externo e, por isso mesmo, muito dependentes de iluminação, ventilação e climatização mecanizadas.

Para ir além, os construtores de ecovilas buscam se desfazer do modelo que prevê esse isolamento e homogeneização do ambiente construído, por uma questão de salubridade. Não importa o clima, o horário do dia ou da noite, as chuvas, o vento ou a passagem de uma manifestação em frente ao prédio (que ninguém nota), tudo naqueles espaços herméticos é sempre igual, monótono, previsível. Há uma questão psicológica que se pode inserir em nossa análise, mas deixemo-la a cargo de quem entende do assunto. O que as ecovilas argumentam é que estar em constante contato com os elementos da natureza (ter, na janela, um jardim ao alcance dos olhos, caminhar sob uma marquise sentindo a brisa da tarde ou o aroma da chuva, ouvir o cantar dos pássaros, trabalhar com a luz do sol no lugar de lâmpadas fluorescentes ou poder, simplesmente, saber se já anoiteceu) nos mantém mais conectados com o mundo, mais relaxados e atentos aos ritmos naturais que, de um jeito ou de outro, interferem em nosso próprio biorritmo – vale aqui a comparação provocativa desses prédios com grandes granjas projetadas com iluminação artificial para confundir o sono das galinhas poedeiras e mantê-las em atividade por mais tempo...

Em resumo, o esforço dos arquitetos e construtores de ecovilas, em meio a todo esse contexto, está em tirar partido da natureza (materiais naturais, livres de poluentes, elementos que podem ser integrados ao projeto, como luz do sol, vento, plantas, água da chuva, etc.) e de tecnologias apropriadas para erguer casas e prédios mais saudáveis para seus moradores e frequentadores, ao mesmo tempo em que possam representar um menor impacto sobre o meio ambiente. A esse universo dá-se o nome de bioconstrução ou bioarquitetura.

BIOCONSTRUÇÃO: HABITAÇÕES SAUDÁVEIS E MAIS LEVES PARA O PLANETA

Um arquiteto trabalha em seu escritório criando projetos arrojados, de linhas atraentes e estética imponente. Este mesmo profissional, no entanto, muitas vezes coloca uma quantidade enorme de materiais, energia e recursos humanos a serviço de seus traços, que precisam ser rigorosamente executados, não importando o local escolhido para o pouso de sua mais nova obra de *design*. Não é difícil encontrar construtores que jamais estiveram no terreno que abrigará seu próximo projeto. Com as famosas facilidades do mundo contemporâneo, a disponibilidade local de cada item integrante do memorial descritivo é assunto menor, a ser resolvido pela equipe de compras – que, por sua vez, usará a internet como meio de pesquisa de muitos fornecedores, estejam estes a 50 km de distância ou do outro lado do planeta.

Nas ecovilas, a lógica é bem diferente: a arquitetura está a serviço das pessoas e do meio ambiente mais próximo e, portanto, será preciso primeiramente observar o local, o terreno, os recursos disponíveis, o clima, os materiais mais facilmente encontrados na região, etc., para somente depois passar a se pensar na forma, no *design* e na estética das construções. Criatividade é qualidade essencial tanto quanto conhecimento técnico. Costuma-se dizer que a arquitetura das ecovilas resgata saberes e práticas das comunidades tradicionais, que sabiam construir suas próprias casas com os materiais abundantes no entorno de seu território. Seria até possível dizer que as ecovilas fazem um retorno ao passado, não fosse o fato de elas apenas tomarem partido de técnicas construtivas antigas para aprimorá-las e, ainda, uni-las a novos elementos de apoio à meta estabelecida de erguer construções sustentáveis.

Em muitas ecovilas, é possível encontrar casas feitas de barro e palha com telhados que abrigam grandes painéis fotovoltaicos para a geração de energia elétrica a partir do sol, ou pequenas turbinas eólicas que compõem o desenho da casa com varas de bambu que sustentam a estrutura dos prédios. Não se trata de renegar as novas tecnologias, mas de buscar as mais apropriadas para cada caso, em um *mix* de passado e futuro que muito bem se enquadra em nosso relutante presente.

    Terra, pedra, palha, bambu, fibras naturais e madeira. Estes são os principais materiais naturais utilizados nos projetos que têm como objetivo uma construção mais viva e mais orgânica, em contraposição aos produtos fabricados por grandes indústrias e com alto poder de destruição da natureza. Mas eles não são os únicos. A eles se juntam plásticos, cimento, vidro, aço e alumínio, em doses comedidas e, muitas vezes, em versões recicladas ou reaproveitadas. A bioconstrução ou bioarquitetura prioriza materiais naturais, mas não se restringe a eles, procurando aliar também materiais e técnicas modernas que possam se afinar ao conceito de "construção viva", tendo sempre em mente a intenção de gerar o menor impacto socioambiental possível. Entram nessa lista os materiais usados e reaproveitados (vidros planos, portas e janelas, madeira de demolição, garrafas plásticas e de vidro, etc.) e produtos novos criados em escala industrial, mas como parte de uma cadeia de produção mais limpa e comprometida com a saúde do planeta e das pessoas (tintas à base de terra e minerais, tubos hidráulicos livres de PVC, cimento com adição de subprodutos da indústria – como o CPIII e o CPIV –, turbinas eólicas, placas fotovoltaicas, coletores solares para aquecimento de água, *kits* para tratamento ecológico de esgoto e captação de água da chuva, etc.).

Observar o que se tem por perto para construir, reduz significativamente o transporte de materiais até o local da obra. Mais uma vez, vale dizer que a medida traz efeitos importantes ao evitar o consumo de petróleo presente nos combustíveis fósseis, responsáveis por parte considerável da emissão de gases de efeito estufa, intimamente ligados ao desafio do aquecimento global e das mudanças climáticas. Além disso, retirar recursos da própria região permite um olhar mais atento para a maneira como é feita a sua extração e que tipo de impactos essa atividade acarreta naquela localidade. Há ecovilas que têm um código de obras interno, com regras claras (e comumente mais rígidas, do ponto de vista socioambiental, do que as estabelecidas pelas prefeituras locais) que devem ser cumpridas por todos. Assim, os construtores habituam-se a pesquisar a origem dos materiais, as práticas internas de seus fornecedores e as condições de trabalho nas fábricas. Uma olaria de tijolos cerâmicos, por exemplo, que não quiser abrir suas portas para receber um possível cliente (da ecovila em formação, bem perto dali), provavelmente, não entrará na lista dos bons fornecedores – sabemos que, no Brasil, pequenas olarias ainda são, em alguns recantos mais isolados, foco de trabalho escravo e infantil.

Dentro desse novo paradigma, um produto ou material não é ecológico por si só, em qualquer ocasião. Não basta uma etiqueta verde, um selo ecológico ou uma avaliação de terceira parte. É preciso examinar detalhadamente não apenas seu ciclo de vida (para avaliar a dimensão dos rastros que ele deixou pelo caminho, conforme diz a expressão "do berço ao túmulo", usada neste contexto), mas também a aplicação que se quer dar a ele. Um piso de bambu, por exemplo, considerado um material ecológico, perde parte de suas vantagens ambientais se for produzido na China e instalado em um apartamento em São Paulo. Mesmo uma casa de terra deixará de ser tão ecológica se todo o material usado na estrutura tiver de vir de fora, trazido em dezenas de viagens de caminhão. O mesmo se pode dizer de uma construção que reaproveitou painéis de vidros usados e madeira de demolição, mas não considerou o clima frio que, por conta das paredes transparentes, exige agora que o morador gaste energia com ar-condicionado durante seis meses por ano, para aquecer o ambiente.

Bioconstrução, sobretudo, é um exercício constante de enxergar o mundo com uma visão efetivamente sistêmica, holística e interdisciplinar. É preciso considerar inúmeros elementos, do clima às intenções construtivas de seu vizinho – que pode comprometer a incidência de sol em sua casa, se implantar um prédio em determinada posição do terreno, ou virar um incômodo sonoro ou mesmo na paisagem. Para evitar estas situações, é recomendável que as possíveis mudanças no entorno façam parte do roteiro investigativo que antecede a concepção final do projeto.

Essa arquitetura preconizada pelas ecovilas tem um forte apelo ligado ao *design* do projeto, à forma que a casa ou o prédio terá, basicamente a partir da definição dos materiais e das técnicas construtivas. No entanto, ela também se remete à fase de uso da construção – que como mostram algumas pesquisas, é a etapa que concentra até 80% de todos os impactos ambientais gerados por um edifício, considerando uma vida útil média de trinta anos. Assim, para contemplar compromissos tais como eficiência energética, uso racional da água, destinação correta dos resíduos e redução da geração de lixo, os projetos de bioarquitetura incorporam sistemas de reaproveitamento de águas cinzas (provenientes de chuveiros, torneiras e lavanderia) para a irrigação de jardins e descargas sanitárias, além da coleta e armazenamento de água da chuva para fins não potáveis e do uso de energias renováveis e limpas (solar, eólica, biomassa, etc.), entre outras tecnologias verdes que podem ser aplicadas de maneiras simples, desenvolvidas pelos próprios moradores ou por meio da compra de equipamentos ultrassofisticados e de alta tecnologia.

A diversidade de fatores a serem analisados torna cada bioconstrução algo único, adaptado exclusivamente para o território e o contexto locais. Assim, não é possível implantar o mesmo tipo de casa em ecovilas diferentes. Cada uma terá sua singularidade. Para exemplificar, menciono duas casas construídas a partir de princípios e conceitos da bioarquitetura. Na primeira delas, na Ecovila Clareando, em Piracaia, no interior paulista, um casal vivenciou na prática a construção de sua casa, com sacos de polipropileno preenchidos com solo do próprio terreno e rebocados com terra, esterco e cal. A técnica, conhecida como superadobe ou terra ensacada, foi escolhida pela disponibilidade de terra, pelo clima frio (que aceita bem paredes mais grossas) e pela possibilidade de autoconstrução, com apoio de apenas alguns ajudantes. As aberturas (portas e janelas) vieram de uma casa centenária que fora demolida no centro da cidade. O telhado verde possibilitou a compensação da área com vegetação que fora impermeabilizada com a construção. Cisternas armazenam a água da chuva para irrigar o jardim e um sistema de zona de raízes trata o esgoto doméstico de maneira ecológica. Durante a obra, um banheiro compostável desenvolvido pelo proprietário garantiu conforto aos trabalhadores, sem contaminação do solo ou da água. O projeto usou pouquíssimo cimento, praticamente não gerou entulho, possibilitou uma moradia mais barata, saudável e ecologicamente correta – e em apenas onze meses. Em 2012, a casa batizada de Toca do Tatu, recebeu o Prêmio Planeta Casa, da revista *Casa Claudia* (Editora Abril), como melhor projeto arquitetônico sustentável do país.

Outra casa interessante à qual recorro para demonstrar a particularidade construtiva buscada em cada comunidade está localizada em uma região conhecida pela produção de *whisky*: o norte da Escócia, mais precisamente na ecovila Findhorn, na cidade de Forres. Bem diferente da primeira casa, feita de terra, o exemplo britânico utilizou madeira de um antigo tonel de *whisky* para compor sua estrutura, reaproveitando um material nobre que seria descartado e que estava disponível por perto – e, ainda, tirando proveito dos bons carpinteiros de que a comunidade passou a dispor ao longo do tempo, em razão da experiência adquirida com obras que fugiam do padrão convencional. Aliás, esta é uma característica marcante em boa parte das ecovilas: a própria comunidade, por necessidade e investimento em pesquisas, acaba, muitas vezes, formando naturalmente uma equipe de construtores, de pessoas especializadas em bioarquitetura.

Em alguns casos, esses trabalhadores conseguem formar uma pequena empresa ou cooperativa de trabalho para a construção das casas da comunidade e até pequenos negócios voltados para o desenvolvimento de tecnologias sustentáveis, como a fabricação de sistemas de energia solar ou saneamento ambiental. Eles se tornam consultores de bioconstrução, dentro e fora da ecovila, e muitas vezes são também professores em cursos oferecidos para públicos variados e interessados no tema. Por esta razão, a bioarquitetura tem sido uma atividade importante para muitas comunidades que, ao mesmo tempo em que disseminam técnicas mais sustentáveis, geram trabalho e renda para seus moradores, ao criarem verdadeiros centros de treinamento em sustentabilidade. Este é o caso da ecovila The Farm, nos Estados Unidos, que foi a primeira a se constituir como um local de demonstração e treinamento em diversas áreas ligadas a um viver mais conectado com a natureza e menos impactante para o meio ambiente. Atualmente, ela recebe milhares de visitantes todos os anos para participarem de cursos e oficinas. No Brasil, um bom exemplo dessa associação entre bioconstrução e educação é o Instituto de Permacultura e Ecovilas do Cerrado (Ipec), em Pirenópolis, Goiás, que conta com uma organizada estrutura de cursos intensivos e programas de voluntariado e de estágio temporário.

Foto 2. Projeto residencial Toca do Tatu, do bioconstrutor Angelo Negri, na Ecovila Clareando, em Piracaia, São Paulo: exemplo de construção sustentável.
Crédito: Arquivo da autora.

Até alguns anos atrás, a bioarquitetura ainda estava bastante restrita a núcleos alternativos, pequenos grupos vistos como *hippies* desconectados do tempo presente, alienados da realidade que os circundava. A onda verde que tomou conta de alas mais influentes da sociedade, especialmente por conta dos alarmes de cientistas do mundo inteiro em relação às mudanças climáticas, aos desastres naturais e à redução da qualidade de vida das pessoas nas cidades e também nas áreas rurais, trouxe o tema da sustentabilidade à tona de modo a abrir, ainda que num ritmo lento, mais espaço a esses nichos

Foto 3. Casa na Ecovila Findhorn, na Escócia, com reaproveitamento da madeira de um tonel de *whisky* descartado.
Crédito: Arquivo da autora.

pouco conhecidos do grande público. Mais e mais pessoas – arquitetos, engenheiros, profissionais liberais, estudantes de diversas áreas, aposentados em busca de uma vida mais tranquila, longe da agitação frenética das metrópoles, etc. – passaram a procurar alternativas e saídas mais ecológicas para seus estilos de vida, que renderam uma visibilidade maior a muitas iniciativas com raízes nas ecovilas.

AUTONOMIA PARA CONSTRUIR UM LAR

É uma característica da bioconstrução atrair pessoas comuns, sem formação acadêmica ou diplomas em áreas ligadas ao setor de edificações, *design*, urbanismo e setores correlatos. Isso ocorre porque suas técnicas construtivas comumente resgatam saberes e elementos de culturas ancestrais (que, antigamente, eram transmitidos de geração em geração) que tinham na autoconstrução e no trabalho solidário suas principais forças de ação. Construir sem necessariamente ser um especialista ou profissional da área era algo comum entre nossos antepassados, pois fazia parte da cultura de muitos povos. Essa prática gerava um tipo específico de arquitetura, que comumente envolvia materiais naturais encontrados localmente, e técnicas construtivas artesanais que motivavam o trabalho coletivo, feito com a ajuda de familiares, amigos e vizinhos.

Ao incentivar a retomada de formas coletivas e democráticas de construção – abertas a homens e mulheres, jovens e adultos de todas as idades – a bioarquitetura experimentada e incentivada pelas ecovilas propõe a conquista de mais *autonomia* para as famílias na aquisição de casas seguras, saudáveis e ecologicamente corretas. Não se trata simplesmente de dominar um conjunto de tecnologias de baixo impacto ambiental, mas de propor uma ética diferente, que prevê a colaboração e o regime de construção em mutirões, além de dar suporte à liberdade, à autonomia e, novamente, ao desenvolvimento de habilidades das pessoas.

Ao longo da história, nossa sociedade habituou-se a compartimentar conhecimentos e restringi-los a nichos de mercado, sobre os quais apenas os especialistas têm poder de ação e decisão. Tentativas de transcender esses rigores são vistas pelo senso comum como atitudes que põem em risco a segurança das construções (e a reserva de mercado desses profissionais), o que não é necessariamente verdadeiro, se considerarmos que há incontáveis exemplares arquitetônicos seculares espalhados pelo mundo que foram erguidos por "pessoas comuns" que detinham o conhecimento sobre técnicas construtivas. O que a bioconstrução defende é a quebra dessa complexidade instituída à construção civil – que, vale dizer, não tem dado conta de criar modelos inovadores, que satisfaçam a demanda por respostas sustentáveis coerentes – em nome de sabedorias ancestrais deixadas de lado, mas que, na visão das ecovilas, ainda podem servir como base ou ponto de partida para o aprimoramento das práticas usadas mundo afora no universo da habitação. Em outras palavras, essas comunidades acreditam ser possível tirar proveito de experiências interessantes do passado para construir o futuro, sem que isso signifique uma estagnação no tempo ou um olhar obsoleto sobre questões contemporâneas.

Abrir frentes para que pessoas de universos e formações diferentes possam pensar um novo modelo de construção torna o processo mais arejado, menos condicionado a velhas propostas que, por enquanto, não têm dado resultados à altura dos desafios atuais. Ao lançar atenção para técnicas tradicionais esquecidas no tempo (como pau a pique, taipa de pilão, tijolos de adobe, etc.), as ecovilas colaboram para o rompimento de preconceitos que afirmam se tratar de técnicas para populações de baixa renda (que não teriam condições de construir de maneira mais "digna"), pouco eficientes ou que expõem os moradores ao perigo de doenças como a de Chagas, transmitida pelo inseto barbeiro – que, segundo se divulga de maneira equivocada, está associado a casas feitas com tramas de bambu cobertas por uma massa de barro e palha. Já se sabe que o problema está na falta de manutenção desse tipo de casa que, ao deixar frestas expostas nas paredes (que também ocorrem em casas de alvenaria malcuidadas) podem atrair o inseto.

Outro componente importante nessa trajetória de retomar elementos de um passado obscurecido por tecnologias modernas – que seguem a lógica de que o novo é sempre melhor do que a versão mais antiga – é uma questão de extrema relevância, especialmente em comunidades que mantêm fortes traços de cultura tradicional: a autoestima das famílias. São inúmeros os casos de vilarejos rurais que perdem o conhecimento de saberes construtivos transgeracionais por influência de uma cultura de massa voltada para a dependência dos tais especialistas e de produtos industrializados divulgados como incomparavelmente melhores do que qualquer versão artesanal que se possa imaginar. Assim, essa população acaba submetida a um raciocínio que afirma ser ultrapassado o modo de construir suas casas que ela cultivou por séculos.

Para muitos moradores de áreas rurais, em especial no Norte e no Nordeste brasileiros, abrigar-se numa casa de terra é motivo de vergonha. Com os movimentos de bioconstrução, no entanto, o que ocorre é uma revalorização dessa arquitetura vernacular que, sobretudo, pode romper com esse paradigma e acrescentar independência e confiança a milhares de famílias dentro e fora do Brasil – à medida que essa população vê sua cultura (antes envolta por um manto de exclusão social) agora ser foco de um movimento que parte exatamente de suas raízes para defender que casas de pau a pique e sapê são bons exemplos (quando adequadas ao clima local, é claro) de como a construção civil pode ser menos agressiva com o meio ambiente, mantendo a qualidade e o conforto necessários a seus moradores. O que era, tempos atrás, considerado "falta de opção" começa agora a ganhar *status* de tecnologia social (desenvolvida a partir de uma interação direta com a comunidade) a serviço do bem-estar de todos e, de maneira muito subjetiva, dá novo sentido ao barro e à palha que sustentam seus lares.

No Centro-Oeste brasileiro, um bom exemplo disso ocorreu no Instituto de Permacultura e Ecovilas do Cerrado (Ipec), responsável pelo desenvolvimento de um sanitário compostável que utiliza serragem no lugar de água na descarga sanitária. O húmus sapiens ou banheiro seco, como é mais conhecido, venceu em 2007 o Prêmio Finep de Inovação Tecnológica, na categoria *Inovação Social*. Resumidamente, nesse sistema, por baixo das bacias sanitárias, ao invés dos encanamentos hidráulicos (que geram consumo de água) entram duas câmaras de compostagem, que armazenam os resíduos até que eles se transformem, em alguns meses, em adubo natural e sejam levados para minhocários, onde viram húmus, isto é, um adubo orgânico de alta qualidade (que pode ser usado em pomares, jardins e áreas em reflorestamento). O segredo para a eficiência do sistema está no *design* inteligente do banheiro, que dá conta de oferecer conforto e evitar mau cheiro, proporcionando um uso simples (superado o estranhamento inicial), que requer apenas o despejo de um punhado de serragem dentro do vaso sanitário, após o uso.

Graças à divulgação do sistema em cursos ministrados pelo Ipec, a tecnologia social tem se tornado conhecida por um grande número de pessoas. Em 2002, estudantes que aprenderam a técnica no Instituto instalaram algumas unidades do banheiro seco na segunda edição do Fórum Social Mundial para atender o público participante. Se pensarmos que menos de um terço dos municípios brasileiros contam com sistema de tratamento de esgoto e que mais de um bilhão de pessoas em todo o mundo sofrem com a escassez de água, disseminar esse tipo de tecnologia social tem, indubitavelmente, um enorme potencial de transformação social. Mas é preciso ir além das verdades incontestáveis e da lógica que coloca serviços essenciais a cargo de governos que não têm conseguido atender minimamente sua população. O que a bioarquitetura e o ideal das ecovilas tende a mostrar é que é possível transpor a deficiência governamental criando estratégias saudáveis tanto para a humanidade quanto para o planeta.

Oferecer autonomia e ferramentas de autossuficiência para as pessoas é algo que vai muito além da aquisição ou redescoberta de conhecimentos técnicos. Ao incentivar a criação de soluções locais, com um *design* pensado para solucionar problemas no próprio território, sem apenas transferi-lo para lugares que nossos olhos não alcançam e, consequentemente, com os quais nossa consciência parece não se importar, as ecovilas abrem possibilidades para que outras tecnologias sejam criadas pela própria população, a partir de um sentimento de confiança que começa a crescer em diversas comunidades.

Esse bordado experimental que une de maneira harmoniosa aspectos de uma arquitetura mais artesanal e elementos de alta tecnologia (materiais industrializados, sistemas modernos de geração de energia renovável, entre outros), torna a bioarquitetura cenário de tentativas significativamente alinhadas com as necessidades atuais do nosso planeta. Vem daí outra vantagem da bioconstrução: o estímulo à criatividade, já que cada construção exigirá do bioconstrutor uma visão holística profunda acerca de sua vida, suas demandas cotidianas e seu meio ambiente, além de uma abertura para a experimentação, para o reaproveitamento de materiais e uma percepção mais aguçada da relação entre sua casa e o mundo à sua volta.

A criatividade, nesse caso, traz consigo um elevado grau de autonomia tecnológica, uma vez que o bioconstrutor é, em geral, o responsável pelo desenvolvimento de parte dos equipamentos usados na casa para aquecer a água do banho ou armazenar a água da chuva, por exemplo. Dessa forma, a tendência é que ele não se torne dependente de indústrias comerciais ou de tecnologias restritas a empresas e corporações – sem esquecer dos impactos socioambientais que os processos fabris provocam em sua cadeia. Como diz um dos pioneiros da bioarquitetura, Johan van Lengen (consultor da ONU para habitação popular e fundador do instituto de Tecnologia Intuitiva e Bioarquitetura (Tibá), em Bom Jardim, na serra

Fluminense), na Antiguidade os primeiros "arquitetos" amassavam o barro com os pés para fazer seus próprios tijolos – é essa imagem de "arquitetos descalços", livres e autônomos, que a bioconstrução desenvolvida nas ecovilas defende e incentiva.

O arquiteto iraniano Nader Khalili, criador da técnica da terra ensacada ou superadobe (que detalharemos na sequência), resume bem essa visão de mundo da bioarquitetura, defendendo que toda pessoa deve ser capaz de construir uma casa para si e para sua família usando a terra abaixo de seus pés e integrando algumas características da tecnologia moderna para tornar suas casas resistentes ao fogo, enchentes, furacões, terremotos e outros desastres. Em sua colocação, ele remete a uma qualidade que é, na verdade, um efeito natural das casas feitas com materiais naturais retirados do próprio local: a resiliência, que é a capacidade de se reconstituir ou de retomar o equilíbrio após um grande impacto climático, algo absolutamente pertinente, nos dias atuais, a qualquer assentamento humano.

Por último, é necessário frisar que muitos aspectos da bioarquitetura não terminam com a conclusão de uma obra, mas requerem um constante acompanhamento que depende de atitudes cotidianas. Muitas tecnologias não funcionam sozinhas, sem que haja a participação dos moradores. Por conta disso, para que os conceitos e os princípios da bioarquitetura possam surtir efeito em nossas vidas, é necessário transpor, aos poucos, o discurso para a prática diária e em permanente estado de aprimoramento. A bioconstrução deve caminhar junto com um desejo legítimo de transformações do nosso estilo de vida – e ela é, em si, um incentivo para tal caminhada. Uma casa somente será mais ecológica e sustentável se os moradores forem também mais conscientes de seus atos. Assim, buscar a beleza da simplicidade – e rejeitar a cultura da complexidade, que nos torna dependentes ao colocar nas mãos de empresas e governos as soluções para quase todas as questões de nossas vidas – é um exercício essencial a todo assentamento que se pretende mais sustentável.

UMA BREVE APRESENTAÇÃO DE ALGUMAS TÉCNICAS DE BIOCONSTRUÇÃO

O universo da bioarquitetura não tem limites nem fórmulas prontas, uma vez que cada abordagem deverá envolver uma visão holística e sistêmica para o desenvolvimento de soluções pontuais que atendam às necessidades de cada comunidade em questão. Mas é possível listar algumas técnicas construtivas que permeiam boa parte das experiências de muitas ecovilas. Cabe aqui dizer que as opções mais artesanais de construção, que incluem as várias técnicas que têm a terra crua como principal material, implicam impactos ambientais menores do que aquelas que incorporam um nível maior de tecnologias industrializadas, em virtude de aspectos como a extração das matérias-primas, a geração de resíduos e os rastros deixados ao longo da cadeia produtiva, conforme tratado anteriormente neste mesmo capítulo. Ainda que existam ecovilas com boa aplicação de novas tecnologias, é preciso entender que o uso dessas modernidades carrega consigo a necessidade de se manter estruturas que, sabemos, impõem inevitáveis agressões ao meio ambiente.

A seguir, veremos algumas técnicas bastante utilizadas nas ecovilas:

Adobe

É um tipo de tijolo maciço muito usado antigamente, feito de barro cru e palha. Depois de misturados com água, esses materiais são colocados em fôrmas de madeira e secam naturalmente, sem a necessidade de fornos que consomem energia. Na massa, a palha funciona como um agregador da terra que irá compor o tijolo, evitando a incidência de rachaduras que poderiam comprometer a resistência das peças. A terra a ser utilizada deve ter uma proporção de argila e areia que permita que a massa seja moldável. A técnica não utiliza cimento, não gasta combustível com transporte (se a terra for retirada do próprio local) e pode ser executada no canteiro de obra. No Brasil, há registro de casas, igrejas e outras construções de adobe com muitas décadas de existência e em bom estado de conservação. Trata-se de uma prática cultural que vem sendo resgatada por meio da disseminação da bioconstrução.

Superadobe

A técnica do superadobe ou da terra ensacada foi criada pelo arquiteto iraniano Nader Khalili, que a desenvolveu como uma alternativa simples de construção com terra, que independe da qualidade do solo local, especialmente da proporção de areia e argila. Embalada em sacos de ráfia artificial (plástico polipropileno) em rolos ou individuais, a terra é comprimida com a ajuda de pilões para ser usada em paredes, coberturas, muros de arrimo e outras estruturas. Esse tipo de estrutura, por ser muito pesada e resistente, aceita coberturas de diferentes portes, inclusive telhados verdes. Depois de pronta, os sacos são queimados com um maçarico, deixando a terra exposta como grandes tijolos cerâmicos, prontos para receberem reboco de barro – que, dependendo da situação, poderá incluir um pequeno percentual de cimento nas áreas mais expostas às chuvas. A ideia surgiu por ocasião de um concurso de arquitetura promovido pela Nasa, do qual Khalili fora o vencedor, para desenvolver protótipos de construções fora do globo terrestre – o que, evidentemente, incluía resolver o desafio do transporte espacial de materiais de construção. Com a sua técnica, seria possível construir edifícios na Lua ou em qualquer planeta onde o homem já pisou, transportando da Terra apenas uma grande bobina de sacos plásticos (de polipropileno) contínuos, que receberiam solo local. Originalmente, a técnica prevê uma cobertura em abóbada, permitindo que toda a casa seja construída com apenas um tipo de material. Mas há muitos exemplos de casas com paredes de superadobe e cobertura com telhas ou teto verde.

Taipa de mão ou pau a pique

Técnica antiga, trazida pelos portugueses para o Brasil e muito usada nas áreas rurais, especialmente nas regiões de clima quente. A taipa de mão consiste em preparar uma trama de bambu ou de galhos de árvores e fixá-la aos pilares da casa, deixando aberturas para as portas e janelas. Depois de prontas, as tramas recebem um telhado com beirais generosos para proteger as paredes do sol e da chuva e prepará-las para a próxima etapa, o barreamento. Nessa fase, prepara-se uma mistura de barro, palha, esterco e água para preencher todos os vãos da trama. O acabamento pode ser feito com tinta de terra crua. As paredes têm pouca espessura, são leves, saudáveis proporcionam ótimo conforto térmico – mantêm a casa fresca nos dias quentes e com temperatura agradável no inverno.

Taipa de pilão

O nome da técnica vem da fôrma de madeira (taipa) usada para receber a terra que será pilada e compactada, de tal modo que seja possível retirar as fôrmas sem comprometer a estrutura das paredes. No período colonial brasileiro, a técnica da taipa de pilão foi largamente utilizada na construção de igrejas e casarões. Muitas delas foram tombadas como parte do patrimônio histórico do país. Para que as paredes sejam autoportantes, é necessário que tenham espessuras entre 30 cm e 1,50 m, dependendo da altura do pé-direito. Outro ponto importante é proteger as paredes – como em toda construção com terra crua – com grandes beirais e um bom isolamento do solo, que pode ser feito com pedra ou concreto (ou, como dizem os bioconstrutores, com "uma boa bota e um bom chapéu").

COB

Muito antiga e bastante empregada na Europa, a técnica do COB (que, em inglês, significa "maçaroca") permite usar a imaginação e a criatividade para moldar a terra, criando formas arredondadas, além de nichos nas paredes e na moldura-de portas. A "maçaroca" pode ser misturada com os pés e leva argila, areia, palha e água, numa mistura que deve criar uma massa homogênea e moldável em bolas que lembram grandes pães – que, empilhados, dão forma a paredes e a outras estruturas. Dentre as técnicas de construção com terra, o COB é talvez a que mais instiga a imaginação e a criatividade.

Cordwood ou parede de toquinhos

A técnica, ainda pouco usada no Brasil, é uma boa opção para aproveitar pedaços de madeira que tenham sobrado da construção da estrutura da casa. Para fazer as paredes, é preciso ter toras de madeira cortadas com o mesmo comprimento (de 15 cm a 25 cm). Depois, prepara-se uma massa que inclui argila, areia, cal, serragem fermentada, água e 5% de cimento. A fermentação da serragem é feita colocando-a de molho em água (em um balde, por exemplo), por cerca de 7 dias, para que possa soltar a cola natural da madeira, que ajudará a evitar rachaduras entre os toquinhos e a massa à base de terra. A montagem da parede lembra um pouco a do COB, mas desta vez com os pedaços de madeira, que fazem o papel de "tijolinhos". O resultado é uma parede resistente e esteticamente muito interessante.

Straw bale ou fardos de palha

Mais conhecida na Europa, a técnica dos fardos de palha é uma ótima opção para climas frios, pois o material, empilhado como se fossem grandes tijolos, é envolvido num acabamento de reboco natural de terra, formando uma espécie de "colchão de ar" que proporciona conforto térmico. Para dar mais sustentação, os fardos são atravessados por pedaços de ferro ou varas de bambu e amarrados uns nos outros com arame, de modo a ficarem mais firmes. Na ecovila alemã Sieben Linden, a comunidade construiu um grande centro comunitário usando esta técnica.

Tijolo de solocimento

É um tijolo feito com 95% de terra e 5% de cimento, prensado numa máquina que molda as peças, sem a necessidade de levá-las ao forno – o que evita a alta queima de energia e a emissão de CO_2 para a atmosfera. Os tijolos têm encaixes que dispensam argamassa entre as peças e podem ficar aparentes, gerando uma obra mais econômica e rápida. Os dois grandes furos no *design* do tijolo permitem erguer colunas com vergalhões de ferro e concreto, além de viabilizar a instalação de sistemas elétricos e hidráulicos embutidos, evitando quebra de paredes e geração de entulho. Atualmente, há empresas que vendem o produto pronto. Mas, em alguns casos, quando a ecovila pretende usar a técnica em várias construções, pode valer a pena comprar ou alugar a máquina e fazer os tijolos no local da obra. Prefeituras de algumas cidades brasileiras têm investido na fabricação dos tijolos de solocimento como uma forma de baratear o custo de moradias populares.

Telhado verde

Excelente opção em termos de conforto térmico e acústico, os telhados verdes são uma solução muito interessante tanto para as áreas urbanas quanto para as zonas rurais. Para fazer um teto verde é necessário ter uma cobertura impermeabilizada (laje de concreto ou caixa de madeira), que receberá uma lona plástica grossa, uma manta de bidim (para segurar as raízes das plantas), terra adubada e plantas adequadas às condições climáticas locais. Vantagens:

- devolve parte da área impermeabilizada pela construção;

- desacelera a água das chuvas, contribuindo no combate às enchentes urbanas;
- atrai a fauna e aumenta a vegetação;
- pode se transformar num espaço de lazer na casa;
- oferece um resultado estético interessante;
- colabora no combate às ilhas de calor nas cidades e melhora a qualidade do ar, uma vez que a vegetação sequestra CO_2 da atmosfera.

Ferrocimento

Técnica que utiliza argamassa de cimento e areia em uma trama de vergalhões coberta por uma tela de galinheiro. É uma boa opção para a construção de cisternas e grandes reservatórios de água, pois é econômica no volume de materiais (suas paredes têm, no máximo, três centímetros de espessura). Por ser uma técnica artesanal, possibilita que muitas comunidades tenham domínio sobre ela e, com isso, ganhem autonomia para usá-la de acordo com suas necessidades. Com imaginação e criatividade, é possível construir piscinas, lagos para peixes e outras estruturas.

Bambu

Capítulo à parte no rol de possibilidades da bioconstrução, o bambu é um material natural, abundante na natureza e de fácil recomposição. Possibilita inúmeros usos diferentes, de artesanatos e utensílios domésticos à construção de prédios, casas, pontes e muito mais.

REFLEXÕES SOBRE ÁGUA, ESGOTO E ENERGIA

Não é novidade que a água é um recurso essencial a todos nós e que as atividades humanas têm degradado e comprometido de maneira sensível a qualidade de nossos recursos hídricos. Também não é novidade que um sétimo da população mundial – cerca de 1 bilhão de pessoas – sofre com a escassez de água, enquanto uma parcela pequena da humanidade desperdiça o recurso em índices inaceitáveis. A relação entre água de má qualidade e problemas de saúde parece não conter nada de novo (no Brasil, segundo dados da Organização Mundial de Saúde, de 2008, mais de 15 mil pessoas morrem todos os anos em consequência de diarreia, uma das principais doenças causadas por água contaminada).

São velhos problemas, sem dúvida, ainda sem solução. Talvez por isso não seja necessário aqui esticar ao leitor as justificativas que nos levam a entender que zelar pela conservação e restauração de rios, lagos, nascentes, geleiras, represas e outras fontes de água potável é de suma relevância para a sustentabilidade da vida humana. Existem inúmeros dados científicos alarmantes relacionados à falta de gestão da água, com perspectivas para um futuro próximo bastante desanimador. A questão é o que fazer para reverter esse cenário.

Nas ecovilas, a leitura crítica de tais informações serve para reforçar a ideia – em geral, facilmente acordada por todos os moradores – de que o planejamento dos sistemas de abastecimento de água e esgoto é item essencial. Como vimos no primeiro capítulo, um dos pilares desses assentamentos mais sustentáveis é a busca pela retomada do controle dos recursos fundamentais pelas famílias (água, energia, terra boa para o cultivo de alimentos, entre outros). No caso da água, criar estratégias de autossuficiência significa garantir acesso à água de qualidade (de maneira independente do que ocorre no entorno da comunidade), consumi-la conscientemente e descartá-la com níveis de potabilidade iguais ou até superiores aos de entrada do recurso.

Faz parte do planejamento de uma ecovila definir a maneira como a água chegará até as famílias. Em muitos casos, especialmente nas comunidades localizadas em ambiente rural, é necessário criar uma rede de distribuição que sirva a todas as habitações – e não deixar que cada morador resolva por si a questão, sob o risco de tornar a atividade mais impactante ambientalmente do que poderia ser, se pensada de maneira integrada. Assim, o primeiro passo é analisar o território onde a comunidade pretende se instalar. Nas comunidades afastadas dos centros urbanos, os *designers* observam as fontes de água existentes (nascentes, rios, altura do lençol freático para cavar poços, construção de pequenos açudes, etc.) e definem estratégias para coleta e distribuição. O cenário ideal é ter nascentes no território, para que a comunidade tenha certeza de que poderá suprir-se de água boa, independentemente do que possa vir a ocorrer no território vizinho. No caso de rios que não nascem na ecovila, mas apenas atravessam a propriedade, uma atividade poluidora estabelecida antes de a água chegar à comunidade (indústrias ou suinocultura, por exemplo) pode comprometer o abastecimento às famílias.

Por ser um recurso essencial, muitas ecovilas trabalham para estabelecer mais de uma fonte de água. Assim, se uma delas falhar temporariamente ou se tornar insuficiente, outra poderá atuar como complementar ou *backup*. É o caso dos sistemas que consorciam nascentes e poços artesianos, além de *kits* de captação e armazenamento de água de chuva – que podem ser usadas para fins não potáveis fora das habitações (irrigação de hortas e jardins, limpeza de áreas comunitárias, etc.) ou, melhor ainda, integradas ao sistema hidráulico: em chuveiros, torneiras, bacias sanitárias e lavanderias, reduzindo, assim, a demanda por água potável.

Já nas cidades, é muito provável que exista um sistema público de distribuição de água, também ligado a uma rede de coleta e – com sorte – de tratamento de esgoto. Nesses casos, a atuação dos *designers* das ecovilas torna-se mais restrita, uma vez que a fonte de abastecimento não foi pensada nem escolhida pela comunidade. Quando se trata de reformar um sistema já existente, as ecovilas tiram proveito de tecnologias que trabalham como aliadas de um uso mais racional do recurso, ou seja, que ajudam a reduzir o consumo de água e, muitas vezes, que permitem criar ciclos fechados, nos quais a água possa ser reutilizada indefinidamente. Entram em cena, então, as tecnologias que, assim como no caso da água pluvial, tornam possível o uso de água servida (de torneiras e chuveiros, por exemplo) em outras atividades domésticas, como a lavagem de roupas e a limpeza das moradias.

Em relação ao esgoto do assentamento, as ecovilas procuram fugir do que Bang (2005) chama de "o terrível legado de Thomas Crapper", o londrino inventor do banheiro com tubulações hidráulicas que, por meio das descargas sanitárias, levou para longe das casas esse tipo de resíduo doméstico sem nenhum tratamento prévio. Embora tenha sido considerado um aprimoramento na vida dos ingleses do século XIX, sua criação intensificou o problema do despejo de esgoto nos rios da cidade – e, por torná-lo mais "invisível" aos cidadãos, retardou também a busca por soluções mais sustentáveis.

Em linhas gerais, as ecovilas têm como princípio resolver a questão do esgoto dentro de seu território, transformando o que seria um problema em oportunidade para soluções criativas. Em comunidades rurais, é comum a distinção entre águas cinzas (de torneiras, chuveiros e lavanderias) e águas negras (bacias sanitárias). As primeiras, por serem menos contaminadas, podem ser tratadas de maneiras muito simples.

Há inúmeros exemplos de comunidades que criam sistemas de zona de raízes nos quintais das casas e dos prédios comunitários, nos quais tanques impermeáveis contendo materiais de diferentes granulometrias (entulho, brita, pedras e areia) recebem uma camada de terra orgânica e plantas de folhas largas que, através dos processos de evaporação e transpiração, dão conta de eliminar as impurezas contidas na água direcionada para o sistema, com níveis muito próximos de 100%. O resultado visual é agradável, já que gera um paisagismo funcional – e de baixo custo – com jardins bem cuidados, interessantes e livres dos odores comumente associados ao esgoto.

Com relação às águas negras, sumidouros ou fossas sépticas são inadmissíveis nas ecovilas, que investem em pesquisas e em experimentação de modelos mais eficientes e ecologicamente mais corretos. Dependendo das condições locais (relevo, distância entre as moradias, custos, etc.), os *designers* optam por centralizar os resíduos em uma estação de tratamento comunitária (por exemplo, biodigestores anaeróbios proporcionais à produção local de detritos ou excretas) ou estabelecer que cada casa ou pequeno *cluster* de habitações deverá ter seu próprio núcleo de tratamento de esgoto.

Na Ecovila Clareando, interior de São Paulo, os fundadores da comunidade decidiram – à época da implantação da infraestrutura do loteamento – ser mais adequado que cada família cuidasse da gestão do esgoto em seu próprio terreno, evitando, assim, a contaminação das nascentes existentes na propriedade, bem como do solo e do lençol freático. Para isso, eles pesquisaram algumas alternativas de sistemas ecológicos que poderiam ser utilizados e estabeleceram a adoção de um deles como parte do contrato de admissão de novos membros e também das regras para a construção de casas dentro da ecovila.

Dessa maneira, toda nova família que chega à comunidade é convidada a conhecer as possibilidades, estudar o tema e rever antigas concepções que associam o esgoto a formas necessariamente feias, mal resolvidas e malcheirosas. Com o compartilhamento da responsabilidade pelo tratamento do esgoto, a comunidade conseguiu resolver o problema, de maneira a aumentar a consciência dos moradores acerca do tema, sem envolver grandes custos às famílias nem gastos comunitários com a implantação e a manutenção de sistemas de grande escala.

Do outro lado do Atlântico, na comunidade escocesa de Findhorn, a estação de tratamento de resíduos é centralizada e conta com as chamadas *living machines*, agrupamentos de tanques com ecossistemas diversos, nos quais a água é purificada pela ação de plantas, peixes, moluscos, flores, algas, micróbios e bactérias, entre outros organismos, até ter plenas condições de ser descartada ou reintroduzida ao sistema sem riscos para os moradores e para o meio ambiente.

O que as ecovilas fazem, de maneira muito consistente, é dar um novo olhar para o esgoto, que permite encará-lo como parte do design natural do assentamento. Em muitos casos, esses sistemas ecológicos transformam-se em atrativo para os visitantes, em palco para cursos e demonstrações de tecnologias sustentáveis que, por comprovarem eficiência, têm sido empregadas também em outras comunidades, fora da rede de ecovilas, com a ajuda de especialistas e consultores que trabalham para estender esses benefícios para além das fronteiras desses assentamentos sustentáveis.

No Brasil, a experiência de institutos de permacultura e ecovilas tem ajudado a disseminar boas práticas de saneamento básico, de baixo custo e alto índice de transformação

Foto 4. The Living Machine, a estação de tratamento ecológico de esgoto da ecovila escocesa Findhorn.
Crédito: Arquivo da autora.

social e mitigação de impactos ambientais. Estudantes universitários e profissionais que se envolvem em programas de estágio e cursos promovidos por ecovilas comumente têm direcionado seus estudos acadêmicos para desenvolver pesquisas que visam implantar sistemas similares e acompanhar, com bastante sucesso, as mudanças ocorridas em vilarejos e comunidades desprovidos de redes de coleta de esgoto – que, como consequência, conquistam autonomia frente à deficiência governamental de dar conta do assunto.

A mesma lógica usada nas ecovilas para dizer que o ideal é controlar de perto o abastecimento de água e o tratamento dos resíduos estende-se à questão da geração de energia. É muito difícil imaginar que uma comunidade sustentável construirá uma usina nuclear para produzir eletricidade para seus integrantes (por questões ideológicas, mas também financeiras). Porém, se essa comunidade estiver situada em um país cuja matriz energética for, em boa parte, nuclear, conectar as habitações ao sistema público significará fazer uso – e, portanto, apoiar – dessa opção mais do que polêmica entre os ambientalistas. É por essa razão que, principalmente na Europa, as ecovilas têm dedicado parte importante de seus recursos ao desenvolvimento de sistemas alternativos de energia limpa e renovável baseados, sobretudo, em energia solar e eólica.

Ora, de nada adiantaria discursar exaustivamente sobre os problemas do lixo nuclear ou os perigos de vazamentos acidentais em usinas dessa natureza, se essas comunidades se mantivessem usuárias (e cúmplices) de fontes nucleares de energia – raciocínio semelhante, aliás, recai sobre o consumo de combustíveis fósseis que é, não sem razão, tema de discussões, planejamentos e metas de redução em diversas ecovilas.

Em Israel, os moradores do Kibbutz Samar têm sua principal motivação na busca por um estilo de vida menos impactante ao meio ambiente, embora estejam assentados em uma região de condições climáticas altamente desafiadoras. Segundo relata Bang (2005), que visitou a comunidade por diversas vezes, parte dos obstáculos criados pelas características locais foi transposta quando a ecovila percebeu seu alto potencial de exploração da energia do Sol e decidiu construir sua própria estação solar com painéis fotovoltaicos trazidos dos Estados Unidos e da Alemanha. Graças a um acordo feito com o governo, o kibutz ligou-se à rede elétrica pública como produtor e consumidor de energia: hoje, quando o consumo supera a capacidade produtiva da comunidade, ela compra o que precisa da rede pública, ao passo que, em tempos de abundância e baixo consumo, tem condições de vender o excedente à rede externa.

Para determinar sua matriz energética, cada ecovila tem por hábito analisar as fontes disponíveis em seu território e definir se quer ou não interligar-se à rede pública – quando esta existe e a legislação local permite a condição de *offgrid*. No Brasil, muitas comunidades se utilizam da rede externa e têm pequenos sistemas alternativos complementares, como painéis fotovoltaicos para a iluminação de algumas casas ou para equipamentos eletrônicos. Há casos também de microusinas hidrelétricas, que são instaladas em locais onde há queda-d'água com altura suficiente para gerar energia sem intervenções no leito do rio.

Ainda é senso comum considerar que as hidrelétricas são fonte de energia renovável e limpa. Talvez por esse motivo, reforçado em muito pelo alto custo dos sistemas alternativos, são poucas as comunidades sustentáveis no Brasil que questionam a oferta de energia proveniente de grandes obras de infraestrutura que modificam profundamente enormes áreas, com impactos severos sobre populações (que se veem obrigadas a deixar seu território) e ecossistemas antes preservados. Vale a pena lembrar que após a construção das barragens (que também se somam à lista de impactos gerados pelo modelo), gigantescas áreas são inundadas da noite para o dia, destruindo totalmente a flora e parte majoritária da fauna – que, na melhor das hipóteses, tem alguns exemplares de mamíferos capturados antes da cheia para serem levados a outras regiões naturais e servir, assim, de peça de *marketing* a empresas que, fundamentalmente, não estavam preocupadas em evitar a degradação ambiental.

Outra questão importante que é colocada entre as ecovilas trata das estratégias de redução do consumo de energia elétrica. Nessa seara entram as diversas soluções da bioarquitetura, que vão do *design* (grandes aberturas para a luz natural e sistemas de ventilação cruzada que reduzem a necessidade de ar-condicionado, por exemplo) a lâmpadas mais econômicas, aquecedores solares de água – aliados contra o reinado do chuveiro elétrico, um dos principais "vilões" da conta de energia – e vidros inteligentes com películas que impedem a entrada excessiva de calor.

Em comunidades que se devotam às tecnologias mais simples, substituir o trator movido a petróleo por cavalos ou gado – em jornadas leves – nos trabalhos do campo, eliminar a televisão das áreas comunitárias ou privilegiar ferramentas manuais no lugar de modelos elétricos também faz parte de uma política de redução da demanda por energia.

POR UMA AGRICULTURA (E UMA DIETA) QUE RESPEITE A VIDA

Um breve passeio pelos corredores dos supermercados e a conclusão é assustadora: a aparente diversidade extasiante de alimentos – embalados e cuidadosamente dispostos para nos seduzir em poucos instantes – esconde um efeito constrangedor do modelo de agricultura adotado com a Revolução Verde nos anos 1960 e 1970 – quando a tecnologia (com sementes "melhoradas", agrotóxicos e muita mecanização) prometeu o milagre da explosão agrícola em países do hemisfério Sul como Brasil e Índia – cujos protagonistas levam o nome de soja e milho. Por trás da oferta alucinante de alimentos industrializados, o que se vende, de fato, são produtos à base dessas duas grandes monoculturas agrícolas – às quais podemos acrescentar, em menor escala, o trigo e o arroz – disfarçados em versões como glucose de milho, lecitina de soja, maltodextrina, margarinas e gordura vegetal hidrogenada. Nas indústrias alimentícias, esses grãos são submetidos a processos químicos para dar origem a corantes, flavorizantes, umectantes e antiumectantes, conservantes, espessantes, estabilizantes, acidulantes, entre outros, que se transformam em quase tudo que levamos à mesa. Perdemos a diversidade na alimentação. Os sabores ofertados pela indústria são quase todos artificiais, fabricados em laboratórios.

Os baixos custos de produção, possibilitados por pesticidas, adubos sintéticos, subsídios governamentais, "melhorias" genéticas e pouco (para não dizer nenhum) compromisso ambiental, tornaram a soja e o milho excelentes opções de cultivo, embora resultem na fabricação de alimentos industrializados com alto teor de calorias e baixa concentração de nutrientes – uma combinação que funciona como forte alavanca para a obesidade, considerada pela Organização Mundial de Saúde como a doença epidêmica global do século XXI.

O que pouco se divulga é que essas monoculturas, aclamadas como *commodities* importantes do *agrobusiness* e da balança comercial de grandes produtores como Estados Unidos, Brasil, Índia e China, têm levado a perdas significativas de biodiversidade e de saberes locais. No livro *Monoculturas da mente*, a ativista ambiental Vandana Shiva discorre sobre os impactos sociais, culturais e ambientais causados pela dominação do saber local (rotulado de primitivo e anticientífico), subjugado intensa e soberbamente pelo saber dominante do Ocidente, míope frente ao saber nativo das comunidades tradicionais que há milênios lidam com a floresta de forma sustentável, dela retirando alimento, combustível, lenha, forragem, fibra e fertilizante. Escreve a autora:

> As monoculturas ocupam primeiro a mente e depois são transferidas para o solo. As monoculturas mentais geram modelos de produção que destroem a diversidade e legitimam a destruição como progresso, crescimento e melhoria. (...) A expansão das monoculturas tem mais a ver com política e poder do que com sistemas de enriquecimento e melhoria da produção biológica. Isso se aplica tanto à Revolução Verde quanto à revolução genética ou às novas biotecnologias. (Shiva, 2003)

Na visão da autora, o poder científico não conhece a floresta e, por isso, precisa tirá-la de seu estado "anormal" e transformá-la em um campo retilíneo de produção monocultural, regada a pesticidas e orientada pelo lucro imediato. Dessa forma, apenas algumas poucas espécies são eleitas para serem produzidas, não porque são mais nutritivas, mas sim porque crescem rápido, pedem menos cuidados e são mais rentáveis do ponto de vista comercial – para trás ficam a cultura popular e o cuidado com a saúde das pessoas:

> As camponesas conhecem as necessidades nutricionais de sua família e o teor nutritivo das safras que cultivam. Entre as plantas cultivadas, preferem aquelas com máximo teor nutritivo às

> que têm valor de mercado. (...) Aquilo que a Revolução Verde declarou serem cereais inferiores são, na verdade, superiores em teor nutritivo aos cereais tidos como superiores, como o arroz e o trigo. (Shiva, 2003)

A pressão das grandes corporações por mais terras para produção agrícola tem feito milhares de famílias de pequenos agricultores abandonarem seus territórios originais ou passarem a trabalhar em condições precárias nas lavouras que os mantêm constantemente expostos a toda sorte de agrotóxicos. Cultivados em grandes áreas e em regime de monocultura, os cereais escolhidos pela indústria ameaçam a biodiversidade do planeta e restringem o acesso aos alimentos tradicionais (livres de substâncias potencialmente prejudiciais à saúde), cujos campos de cultivo estão sendo exterminados, dia após dia. Produzir em grande escala e em regimes monoculturais exige doses cavalares de pesticidas e adubos químicos, que aumentam à medida que o solo vai se tornando cada vez mais e mais empobrecido. O resultado é a contaminação da terra que, mesmo após décadas sem novas aplicações de veneno, ainda guarda vestígios que tornam proibitivo o cultivo de alimentos orgânicos com vistas à certificação, por exemplo.

Esse sistema de produção também vem sendo estudado do ponto de vista da pegada hídrica, um conceito criado para medir a quantidade de água utilizada ao longo da cadeia de produção de um determinado bem ou serviço. De acordo com a entidade europeia Water Footprint, entram nesse cálculo o consumo das águas superficiais, subterrâneas e das chuvas, além dos volumes que são necessários à diluição dos poluentes lançados nos cursos d'água, a fim de manter padrões mínimos de qualidade. Em um cenário de escassez e de má distribuição de água, as grandes *commodities* agrícolas (como soja, milho e algodão) funcionam como vetores para o transporte de "água virtual" para países que, se optassem pela produção doméstica, encontrariam dificuldades por conta do alto consumo de água envolvido no processo. Segundo dados da Unesco, o Brasil envia anualmente ao exterior mais de 110 trilhões de litros de água doce, na forma de soja, café, açúcar, carne bovina e outros produtos agrícolas que, se de um lado fazem crescer a balança comercial do país, de outro, evidenciam a necessidade de estabelecermos políticas públicas direcionadas para a gestão adequada e sustentável de nossos recursos hídricos.

Outro problema que acompanha as monoculturas atende pelo nome de organismos geneticamente modificados (OGMs), ainda uma novidade (controversa e polêmica), se considerarmos que o primeiro alimento transgênico – o tomate Savr Flavr, adquirido pela Monsanto – foi lançado comercialmente nos Estados Unidos apenas em 1994. Esteves (2011) conta que a maioria das variedades transgênicas cultivadas atualmente é denominada transgênicos de primeira geração por trazer benefícios aos agricultores (e não aos consumidores), uma vez que a planta com genes modificados suporta mais os ataques de pragas e doenças, reduzindo os custos com a compra de inseticidas e aumentando, portanto, os rendimentos do produtor. Segundo o autor, entre 1997 e 2009, houve um aumento de 80% nas áreas cultivadas com OGMs, especialmente nos Estados Unidos, mas com forte curva ascendente nos países em desenvolvimento. O Brasil registrou o maior aumento de área plantada com transgênicos (soja, principalmente): de 2008 para 2009, o total subiu de 158 mil km² para 214 mil km².

Diversos aspectos têm levado a comunidade científica internacional e grupos ambientalistas a se posicionarem contra os alimentos transgênicos. Um deles vem a ser o princípio da precaução, muito utilizado nas legislações ambientais, que proíbe intervenções no meio ambiente que não carreguem a certeza – nem sempre oferecida pela ciência de forma conclusiva – de que as alterações e os procedimentos adotados não causarão reações adversas. Como ainda não existem estudos a respeito dos efeitos dos OGMs no longo prazo (lembremo-nos de que eles têm pouco mais de vinte anos de existência), o que muitos alegam é que não é possível conhecer os reais impactos que os transgênicos podem oferecer ao ecossistema afetado e à saúde do agricultor e dos consumidores desses alimentos.

Há ainda questões relacionadas à propagação de plantas geneticamente modificadas para além de suas lavouras de origem, afetando áreas muito maiores e nas quais não seria desejável tal interferência. Nos Estados Unidos, alguns casos de polinização involuntária de sementes transgênicas ficaram conhecidos por levar pequenos agricultores à falência, após suas lavouras terem sido afetadas por sementes desenvolvidas pela gigante Monsanto, que entrou na justiça para exigir o pagamento de multas vultosas por quebra de patente industrial. Ainda sobre os transgênicos recaem questionamentos acerca do modelo de produção, feito em grandes monoculturas que devastam áreas antes de natureza preservada (como parcelas enormes da Amazônia e do Cerrado brasileiros) ou que acarretam a saída de famílias do campo para as cidades.

Esse êxodo rural que tem ocorrido de maneira intensa nas últimas décadas gerou também um distanciamento cognitivo de tudo aquilo que identificamos como alimento. Basta observar os rótulos dos produtos para notar que eles estão cada vez mais artificiais. A indústria nos oferece iogurtes que prometem transformar nosso intestino em um relógio suíço e biscoitos que ganham fama por serem isentos de gordura trans. Sintetizados e "melhorados" nos mesmos laboratórios que fabricam pesticidas, cosméticos e toda sorte de medicamentos, quase todos os alimentos que consumimos diariamente são resultado da biotecnologia – se considerarmos que até ovo de galinha agora vem turbinado com qualidades como a presença de ômega 3 e de menos colesterol.

Nessa história há pelo menos dois pontos que merecem nossa atenção: os efeitos (ainda pouco pesquisados e divulgados) que essa alimentação robótica traz à nossa saúde e o preço, muitas vezes sem volta, que ela cobra do planeta. Atualmente, nossa dieta está tão desligada do ato de cultivar a terra – ou de conhecer minimamente quem a cultiva e como cultiva – que perdemos a noção do custo socioambiental dos alimentos que levamos à nossa mesa. Mas, como confiamos na evolução da biotecnologia – que quase não encontra vozes dissonantes para nos fazer refletir a respeito – seguimos em frente, consumindo sem receios tudo que a indústria oferece.

No café da manhã, a população engole – não sem antes descartar montanhas de embalagens – o cereal da multinacional que pressiona as autoridades pela liberação do cultivo de grãos transgênicos, o leite da empresa nacional que levou centenas de pequenos produtores à falência e o pão que, graças à adição de produtos químicos, continua "fofinho" mesmo depois de duas semanas. Disfarçados de bons moços, os fabricantes não citam no rótulo os trabalhadores mortos pelos glifosatos pulverizados sobre as lavouras, nem a explosão de solos contaminados e empobrecidos, mas apostam no *marketing* dos alimentos funcionais e artificialmente enriquecidos com nutrientes para conquistar a fidelidade dos consumidores.

Desconectados da terra e reféns dos supermercados, cidadãos de continentes distintos podem ter basicamente o mesmo cardápio para o jantar. Se forem representantes da elite local, irão incluir um bom vinho estrangeiro, um queijo exótico e uma iguaria do tipo caviar, manteiga de trufa ou o cruel patê de *foie gras,* mas ainda assim manterão a evidente desvinculação entre alimentação e produção agropecuária sustentável. Até a chamada Revolução Verde, as despensas de boa parte da população mundial eram abastecidas com produtos que vinham do próprio quintal ou de pequenos produtores locais e regionais, o que tornava a culinária bastante marcada pelo clima e pela cultura regional, com traços e sabores que lhe eram peculiares.

Com a globalização, o modelo hegemônico desenvolvimentista adotado pelas nações e o crescimento do turismo internacional, a culinária passou por uma homogeneização que culminou com a chamada "gastronomia internacional", que permite a um viajante hospedado em um hotel se alimentar quase sempre dos mesmos alimentos que também estão disponíveis em seu território de origem, a milhares de quilômetros dali. Àqueles que buscam experimentar comidas tradicionais, cabe uma peregrinação por resquícios culturais que, muitas vezes, ganham a forma de restaurantes típicos ou folclóricos. Um dos efeitos dessa pasteurização da culinária é a perda de receitas tradicionais, bem como do cultivo de alimentos que, durante gerações e gerações, fizeram parte do cardápio de populações inteiras.

As cidades empurraram a agricultura e as áreas de criação animal para fora de seus limites e aumentaram significativamente a oferta de alimentos industrializados, cujos ingredientes chegam às fábricas vindos de lugares distantes, o que agrega outro grave problema ao modelo vigente: as altas taxas de petróleo embutido nos produtos, que viajam milhas e milhas até chegarem à mesa da população – sem esquecer de que, para isso, eles precisam de mais embalagens para mantê-los protegidos contra impactos e alterações de temperatura.

O transporte de toneladas de alimentos implica o consumo de combustíveis fósseis, que são um capítulo à parte na lista dos dilemas ambientais contemporâneos. A escritora norte-americana Barbara Kingsolver, no livro *O mundo é o que você come*, narra a mudança de sua família da grande Tucson, no Texas, para a pequena e rural Appalachia, no estado da Virginia, que teve como objetivo o desafio doméstico de passar um ano preparando refeições que pudessem vir de sua própria terra, com a possibilidade de complementá-las com itens trocados ou adquiridos de produtores vizinhos. A essa opção alimentar, a autora deu o curioso nome de petrofobia, em referência à sua meta de reduzir o consumo de petróleo por meio da preferência total aos alimentos produzidos localmente.

Na verdade, priorizar cardápios obtidos da combinação de itens alimentícios disponíveis em curtos raios de distância é um dos princípios do movimento *slow food*, concebido na Itália, que incentiva a formação de "locávoros" – do italiano *locavore* – ou seja, de pessoas que, como Kingsolver, privilegiam e celebram os alimentos que estão por perto e defendem os prazeres das comidas sazonais. Essas e outras medidas compõem o conjunto de estratégias desenvolvidas por boa parte das ecovilas (com diferentes níveis de sucesso), que buscam contornar, recusar e até mesmo transformar o modelo agropecuário que impera nos dias de hoje e que, na visão dessas comunidades, não tem apontado caminhos benéficos às pessoas e ao meio ambiente. Como diz Bang (2005), referindo-se às características da indústria do agronegócio, de concentrar lucros nas mãos de poucas corporações multinacionais, é preciso transformar a ideia que trata a agricultura como algo sobre poder, e não sobre alimentar pessoas.

EM BUSCA DE AUTOSSUFICIÊNCIA ALIMENTAR

Dificilmente uma ecovila não terá metas para a produção local de alimentos. Aliás, ouso dizer que dificilmente uma ecovila será uma ecovila se não puder se dedicar à agricultura orgânica e à autossuficiência alimentar como maneiras de não fazer parte de um modelo que, grosso modo, não tem promovido lavouras sustentáveis ou mesmo saudáveis. Mesmo entre as comunidades instaladas em cidades, planejar espaços e processos para o cultivo de hortas, ervas aromáticas e pomares faz parte natural do planejamento comunitário e do zoneamento do território. Mas, é claro, espaços menores acabam sendo um fator limitante para o alcance de índices mais elevados de autossuficiência. De qualquer forma, o ato de plantar transforma o discurso sobre a descrença no modelo convencional vigente em prática cotidiana. Com a agricultura, uma ecovila mobiliza seus moradores a agirem em direção do que desejam para suas vidas, em termos de consumo, de saúde e de estilo de vida.

Uma das maneiras mais bonitas e interessantes de unir pessoas e de criar elos afetivos chama-se trabalho coletivo. E é este tipo de trabalho que é feito na terra, quando um grupo resolve plantar para alimentar suas famílias. Tudo é motivo de festa: as sementes tradicionais conseguidas de alguma outra comunidade ou de safras anteriores, as primeiras hortaliças, o primeiro jantar preparado com legumes da horta. Sem dúvida alguma, cultivar o solo é fincar raízes no sonho e torná-lo realidade por meio de seus frutos.

Trabalhar a terra em grupo passa por estabelecer níveis mais profundos de conexão com o local, já que é preciso conhecer as propriedades do solo, conseguir acesso à água, estudar o clima para saber as espécies que estão mais adaptadas àquele lugar, observar as fases da Lua, as estações do ano, as épocas chuvosas e de seca, e assim por diante. Dessa forma, uma ecovila que se envolve com agricultura tende a desenvolver mais condições de interagir com seu território de maneira harmoniosa, lúdica e criativa. À medida que cultiva a terra e retira dela parte de sua alimentação, a comunidade cresce e amadurece, pois vê na possibilidade de conceber refeições a partir de grãos, frutas, verduras e legumes cultivados a poucos metros de suas casas um grande prazer e até mesmo um luxo ainda, infelizmente, para poucos.

Vale lembrar: pessoas que se interessam por uma vida mais comunitária tendem a estar mais abertas para mudanças de hábitos e comportamentos que possam vir acompanhadas de mais qualidade de vida. Comer bem – diferente de comer muito ou gastar fortunas em bons restaurantes – é, sobretudo, o efeito que elas desejam obter com o boicote às formas atuais de produção e distribuição de alimentos que, para essas pessoas, não faz jus às necessidades atuais da Terra. Pensando em termos de princípios, moradores de ecovilas tendem, sempre que possível, a recusar alimentos de grandes corporações comumente denunciadas por crimes ambientais e trabalhistas; elas também evitam produtos industrializados e muito embalados e carnes de frigoríficos que podem ter relação com o desmatamento de áreas florestais ou que criem os animais em regime de confinamento.

Em uma conversa com moradores de ecovilas é possível notar que muitos se dedicam a reunir informações e questionamentos acerca dos problemas socioambientais atuais – inclusive aqueles criados pela indústria de alimentos e pelo regime das monoculturas agrícolas. Esse conhecimento é força motriz para a busca por alternativas a esse sistema que possam incluir também a conquista de uma alimentação mais saudável e mais conectada com a terra.

Na Europa e nos Estados Unidos, comunidades que almejam índices elevados de sustentabilidade abastecem-se constantemente de dados a respeito dos problemas causados à terra e às pessoas pelo uso intensivo de agrotóxicos, por exemplo, para criar práticas cotidianas mais condizentes com suas crenças e visão de mundo. E já que consumir é também uma forma de apoiar, as ecovilas preferem investir na construção de caminhos mais leves para o planeta e mais plenos de sentido (e sabores, por que não?), ao invés de se estabelecerem como clientes de empresas que não parecem preocupadas com as consequências de suas atividades. Sair desse esquema passa, portanto, pela capacidade de ser mais independente e autônomo, construindo caminhos para a oferta de alimentos que possam vir de outras fontes, mais sintonizadas com a humanidade e o planeta.

Já nas ecovilas situadas em países em desenvolvimento, onde os traços de uma cultura rural estão, em certa medida, um pouco mais preservados, lidar com a terra para produzir alimentos costuma ser também um sinal de resistência ao túnel que aponta as cidades como destino exclusivo para suas populações – todos virão para os centros urbanos, segundo o senso comum, em questão de tempo. Segundo a Organização das Nações Unidas para a Agricultura e a Alimentação (FAO), até 2050 os pequenos agricultores e os produtos obtidos da agricultura familiar serão responsáveis por boa parte dos alimentos que servirão aos 9 bilhões de habitantes do planeta – em outras palavras, a tarefa de alimentar as populações não caberá às monoculturas. Vem daí a necessidade de criar mecanismos que possam garantir a manutenção dessas famílias no campo e apoiar o trabalho fundamental que elas exercem no combate à fome e na melhoria da segurança alimentar.

Toda ecovila passa por um processo de gestação e de transição, no qual seus integrantes têm de construir, cada um à sua maneira, formas de se estabelecer na comunidade, até que possam desligar-se por completo do antigo endereço. Como isso leva algum tempo (pode demorar anos, para algumas famílias), é comum que hortas comunitárias somente sejam criadas e cultivadas quando uma ou mais famílias, já fincadas na ecovila, resolvem assumir o compromisso e abrir caminho para os que vierem depois. Na prática, a agricultura comunitária começa com uma pequena escala, para complementar a mesa das famílias. Muitas vezes, a atividade tem início com o intuito de suprir uma necessidade que gira mais em torno de certa adaptação ao novo endereço e proposta de vida. É que, não raramente, moradores de ecovilas em formação vêm de grandes cidades, onde não tinham o hábito de plantar. Dar início a uma horta ou a um jardim comestível, por exemplo, é como dizer: "Estou pronto para descobrir coisas novas, aprender a lidar com a terra e transformar minha rotina e meu estilo de vida".

Essa fase de aprendizado envolve a pesquisa e a capacitação sobre técnicas agrícolas que não fazem uso de adubos químicos, fertilizantes sintéticos ou sementes geneticamente modificadas. A agricultura natural, a agricultura orgânica, a biodinâmica, a permacultura, a agroecologia e a agrofloresta são algumas das fontes de conhecimento das quais as ecovilas bebem para criar seus próprios mecanismos de plantio, adaptados ao clima, às áreas agriculturáveis disponíveis e à capacidade de trabalho da comunidade. Cada uma dessas vertentes da agricultura – que têm em comum o objetivo de gerar uma produção sustentável de alimentos, combinada à restauração do solo e de áreas antes degradadas – dará pistas importantes de como cultivar alimentos de maneira a manter a terra e seus produtos plenamente saudáveis.

Com o tempo, os campos de cultivo passam a produzir excedentes que são trocados na vizinhança por outros produtos ou vendidos em comércios locais e redes de consumo solidário. A atividade agrícola, então, passa a ser fonte não apenas de alimento, mas de trabalho e renda para as famílias. Com os pequenos negócios criados pela comunidade ou por um grupo de moradores, além da venda de produtos *in natura*, algumas ecovilas apostam no desenvolvimento de produtos artesanais que conferem maior valor agregado aos alimentos obtidos das lavouras, das áreas de extrativismo (florestas) e da criação animal. Dessa forma, o assentamento passa a ter uma economia interna própria, que vai se estabelecendo e se fortalecendo à medida que os moradores se envolvem nas atividades de maneira mais efetiva. Produtos como geleias, doces, molhos, conservas, itens de padaria, queijos, iogurtes e outros laticínios, etc. representam, ainda, oportunidades de uso integral das colheitas, evitando desperdícios.

Resgatando a frase de Ludwig Feuerbach, filósofo alemão que dizia "somos o que comemos", essas ecovilas exercem ainda um papel de suma importância em seu entorno, que inclui a disseminação de boas práticas com a terra, o fortalecimento da economia local, a oferta de alimentos sadios para mais pessoas, a conscientização ambiental e o exercício de formas mais solidárias e conscientes de consumo.

EXPERIÊNCIAS QUE VÃO ALÉM DAS FRONTEIRAS DAS ECOVILAS

Das pequenas hortas aos empreendimentos comunitários que apoiam a agricultura familiar e promovem práticas não agressivas ao meio ambiente, as ecovilas trilham uma longa jornada. O resultado, porém, inclui experiências de sucesso, que vêm sendo reconhecidas por governos e entidades do terceiro setor. Dawson (2006) cita três histórias interessantes, que aproveito para compartilhar aqui, acrescentando algumas informações.

A primeira delas vem da ecovila dinamarquesa Svanholm, criada em 1978, a 50 km da capital Copenhagen. Na fazenda, que conta com aproximadamente 250 hectares de terras agrícolas e cerca de 160 hectares de parques e florestas, a comunidade produz alimentos orgânicos que representam 50% da necessidade de consumo de seus 150 moradores (conforme autodeclaração feita pela comunidade em 2011). A ecovila foi uma das pioneiras no país a converter uma grande área de fazenda em agricultura orgânica, com comercialização atacadista de produtos para os supermercados locais, utilizando uma técnica de *marketing* que foi imitada por vários outros produtores e mercados da Dinamarca. Em suas terras, a comunidade mantém um rebanho de mais de duzentas ovelhas e 120 vacas leiteiras, além da produção de hortaliças, ervas, tubérculos e grãos.

Também na Europa, a já mencionada ecovila Findhorn, na Escócia, criou o EarthShare, o primeiro e ainda maior esquema britânico de Agricultura Sustentada pela Comunidade ou CSA, na sigla em inglês. Pelo sistema, produtores e consumidores compartilham os riscos e os benefícios relativos à produção e à comercialização de alimentos orgânicos. Assim, os produtores têm a segurança de que seus produtos encontrarão clientes no mercado, e os consumidores, por sua vez, têm a garantia do fornecimento de produtos sempre frescos e sadios. À época em que Dawson escreveu seu livro, cerca de duzentos assinantes recebiam semanalmente as cestas de produtos que chegam até eles com pouca embalagem e transporte, em troca de uma taxa de adesão ao grupo e alguns insumos de trabalho. A principal entidade de promoção da agricultura orgânica no Reino Unido, a Soil Association, tem usado o EarthShare como local de treinamento e demonstração de bom exemplo de CSA.

Esse apoio aos produtores também pode ocorrer dentro da própria ecovila. É o caso de Earthaven, uma comunidade que fica no estado da Carolina do Norte, Estados Unidos. Lá, como nem a comunidade nem seus membros tinham condições de arcar com o capital inicial necessário para empreender a produção de alimentos em escala comercial, a comunidade disponibilizou terras da ecovila para serem alugadas por integrantes da comunidade, a preços bastante acessíveis. Com isso, ela incentivou que alguns membros investissem tempo e trabalho na agricultura, que tinha como regra para os locatários seguir práticas específicas para garantir que a atividade fosse sustentável. Além do acesso favorecido à terra, subsídios como o reembolso de custos com a exploração madeireira sustentável e de gastos referentes a estruturas permanentes (como galpões de armazenamento, abrigos para animais de criação, celeiros, cercas e açudes de irrigação) foram algumas das estratégias criadas pela ecovila para estimular o aumento da produção agrícola, com vistas à autossuficiência e à comercialização externa.

Além desses exemplos, outros inúmeros, em todo o globo terrestre, relacionam o trabalho agrícola desenvolvido em comunidades sustentáveis – rurais, principalmente – ao resgate ou à descoberta de novas formas de se cultivar a terra e de oferecer seus produtos a mercados externos. Na Itália, duas ecovilas merecem destaque. Damanhur, fundada em 1975, localizada a 40 km de Turim, acolhe a percepção de que o modelo convencional de agricultura ocasionou uma perda considerável de biodiversidade ao se cultivar apenas uma pequena variedade de espécies. Além do cultivo de alimentos para consumo de seus mais de mil moradores, a comunidade criou, em 2004, o projeto Banco de Sementes Damanhur, para se contrapor à estimativa que diz que aproximadamente 40 mil espécies de alimentos terão sido extintas até 2025, já que 90% de nossa alimentação, segundo a cúpula da comunidade, vem hoje de apenas 29 espécies diferentes.

O projeto reflete um antigo sonho da ecovila: contribuir para salvaguardar a biodiversidade de alimentos e, ao mesmo tempo, conquistar a autossuficiência na produção de sementes. Para isso, a ecovila desenvolve pesquisas a respeito das variedades locais de alimentos cultiváveis e, em decorrência, cultiva-os em encostas e planícies (entre Valchiusella e a área de Caluso), visando a autoprodução de sementes, que são armazenadas em contêineres para preservar sua vitalidade por longos períodos de tempo. Atualmente, cerca de 120 variedades de diferentes espécies, sendo que a maior parte representa espécies locais, estão catalogadas e armazenadas, totalizando aproximadamente 15 mil sementes.

Damanhur também colabora com os "protetores de sementes" da Associazione Civiltà Contadina na criação de grupos de trabalho e de trocas em nível regional. Em 2006, a ecovila coletou várias centenas de assinaturas em um abaixo-assinado que possibilitou uma mudança na lei nacional que impedia a troca de sementes não registradas entre entusiastas e produtores – e ainda mantém contato com diversas organizações italianas e estrangeiras interessadas na conservação da biodiversidade.

Embora pouco semelhante, a experiência da ecovila Upacchi, na região da Toscana, mostra que o trabalho na terra requer organização, investimentos e ajustes nas tomadas de decisões do grupo. Sua história começou como uma cooperativa agrícola, fundada em 1990, que desejava acabar com a figura do atravessador na comercialização de produtos alimentícios. De início, seus 120 hectares de terra serviram de base para a produção orgânica em pomares (frutas e oliveiras), hortas e lavouras, com ênfase no cultivo de ervas, que eram desidratadas em grandes secadores solares e eólicos, ensacadas e vendidas a clientes na Alemanha – estratégia que possibilitou ganhos maiores às famílias do que elas teriam caso o comércio dependesse de intermediários locais. Tudo ia bem até que conflitos internos levaram à dissolução da cooperativa. Atualmente, apenas um casal de moradores dedica-se à atividade agrícola, sendo que os demais – cerca de cinquenta pessoas – vivem de trabalhos artesanais (carpintaria e cerâmica, principalmente), serviços de terapias e aulas diversas, oferecidas fora da comunidade. Upacchi, no entanto, reconhece que produzir alimentos localmente é condição fundamental a toda ecovila e espera criar, em breve, condições para que outras famílias passem a se dedicar à atividade.

SLOW FOOD E A CONQUISTA DE DIETAS MAIS SUSTENTÁVEIS

Da terra para a mesa, movimentos internacionais como o *slow food* têm uma permeabilidade natural nas ecovilas. Uma rápida volta às origens dessa "comida lenta" nos faz entender essa relação: tudo começou em 1986, em Roma, conforme relata Honoré (2007), quando a rede McDonald's anunciou a abertura de mais uma filial na cidade, perto da Piazza di Spagna. Em protesto, o gastrônomo italiano Carlo Petrini liderou um grupo de manifestantes que eram contra as redes de *fast food* e lançou, assim, o *slow food* – atualmente presente em mais de cinquenta países – para defender tudo aquilo que, em sua visão, é ignorado pelas tais lanchonetes adeptas da velocidade em detrimento da boa alimentação e do respeito à terra. Diz um trecho do "Manifesto sobre o Futuro da Comida", extraído de Petrini (2009):

> O processo de conversão da produção de pequena para grande escala levou ao declínio tradições e relações de convívio, associadas por séculos aos circuitos locais de produção e mercados comunitários, diminuindo a experiência da produção alimentícia direta e a alegria de compartilhar os alimentos produzidos em terras locais.
> Não obstante, há um grande número de motivos para sermos otimistas. Milhares de novas iniciativas estão florescendo no mundo para promover a agricultura ecológica, a defesa dos pequenos agricultores, a produção de alimentos sadios e culturalmente diversificados e a regionalização da distribuição, do comércio e da venda. Uma agricultura melhor não só é possível, como já começou a realizar-se.
> Por esses motivos, declaramos nossa firme oposição à industrialização e globalização da produção alimentícia e nosso apoio às mudanças positivas para as alternativas de produção sustentável, apropriadas às especificidades locais e em pequena escala. (Petrini, 2009)

Do discurso para a prática, há um projeto do movimento *slow food* que traduz com consistência os ideais das ecovilas para uma nova agricultura. Trata-se do Mil Hortas na África, que tem ajudado milhares de famílias em 25 países do continente a cultivar hortas com a tripla qualidade de serem boas, limpas e justas: boas porque garantem produtos frescos, valorizam receitas tradicionais e proporcionam mais qualidade às refeições; limpas porque respeitam o meio ambiente e protegem a biodiversidade por meio de técnicas sustentáveis de uso da terra e da água; e justas por serem resultado da experiência da própria comunidade, que envolvem diferentes gerações, promovem conhecimento e habilidades e geram autonomia e segurança alimentar.

Mas para que essa produção de alimentos cumpra com mérito a função de abastecer as famílias de uma comunidade, é preciso que haja uma relação íntima entre os produtos que saem da terra e a dieta das pessoas. De nada valeria plantar alimentos que depois não seriam consumidos pelos moradores das ecovilas. Assim, escolher o que plantar significa estar disposto a adequar o cardápio à disponibilidade sazonal dos alimentos obtidos da agricultura local. Lembro-me de quando estive na ecovila Findhorn. Durante uma semana inteira, sem exceção, todos os almoços e jantares incluíram tomates, nas mais variadas versões: torta, sopa, suco, salada, molho, cozido de legumes, assados em geral, etc. Logo entendi que se tratava de algo disponível em abundância naquele momento. De fato, os campos de cultivo estavam repletos do fruto e, para os moradores, incluí-los no menu comunitário era, ao mesmo tempo, uma satisfação e um dever.

O *slow food* defende uma dieta que seja resultado de uma agricultura mais sustentável, de safras que têm tradição cultural, de receitas que sejam criadas e resgatadas de práticas locais e, o que é tão importante quanto tudo isso, de momentos à mesa que possam se estender sem pressa, de maneira a ser possível contemplar os sabores e a partilha do alimento com o máximo de prazer possível. Muitas ecovilas tentam inserir esses valores no cotidiano da comunidade, desde a horta até a cozinha e as refeições compartilhadas por todos.

Na ecovila alemã Kommune Niederkaufungen, criada em 1986, todos os alimentos produzidos nas hortas são orgânicos, livres de fertilizantes químicos ou pesticidas. Parte da produção é vendida à população vizinha na loja da comunidade, mas a maior parcela dos alimentos tem no consumo interno seu principal destino. Em algumas épocas do ano, dois terços das frutas e vegetais consumidos pelos moradores vêm da própria terra, e todo o leite e o iogurte é obtido de seu pequeno rebanho leiteiro, além de 70% dos queijos.

Todos os dias, um grupo de moradores prepara o café da manhã, o almoço e o jantar no refeitório coletivo, embora alguns moradores optem por fazer parte das refeições em suas casas. O consumo de carnes é bem pequeno e restrito a uma vez por semana (na cozinha comunitária), como uma terceira opção para as refeições oferecidas, que são inteiramente vegetarianas, com algumas alternativas veganas, ou seja, que não levam nenhum tipo de alimento produzido a partir de proteína animal, como manteiga, queijo, ovo e até mel. Um detalhe: quase toda a carne – basicamente, bovina e suína – servida na ecovila vem de animais criados dentro da própria fazenda.

Os itens de alimentação comprados pela ecovila são majoritariamente orgânicos e, sempre que possível, adquiridos de fornecedores locais ou regionais. Muitas vezes, essa opção custa mais à comunidade, mas a adoção das compras coletivas, feitas em quantidades maiores, reduz o preço de forma compensatória. Outro cuidado constante é evitar alimentos importados, a menos que venham de redes de comércio justo, como é o caso do café e do chá produzidos em cooperativas fora da Europa. Aliás, para apoiar esse tipo de iniciativas mais sustentáveis e de autogestão, a ecovila doa diretamente 3% de seu lucro a alguns projetos específicos em outros países.

Se pararmos para refletir um pouco, não faz muito tempo que perdemos uma ligação mais estreita com a terra. Nossos antepassados mais próximos ainda moravam no campo e tiravam do solo bom percentual de sua alimentação. Poucas décadas de comida industrializada, uma rotina cada vez mais acelerada e a disseminação do reinado do *fast food*, porém, criaram um contexto forte o bastante para nos desconectar não somente da terra, mas também dos produtos que ela nos oferece. Assim, resgatar o ato de plantar para consumo próprio é uma estratégia que reconecta as pessoas a outro ritmo de vida, mais em sintonia com a natureza e em sintonia com a comunidade, além do fato de dar lugar a dietas mais saudáveis e menos impactantes para o meio ambiente. Não basta cultivar alimentos orgânicos. É necessário que eles estejam no prato de quem os produziu.

POR UMA VIDA
MAIS SIMPLES E ABUNDANTE

Consumir é concordar. Isso quer dizer que ao comprarmos um sapato, por exemplo, estamos apoiando toda a sua cadeia produtiva que, como sabemos, certamente provocou impactos socioambientais: exigiu a extração de matérias-primas (borracha, couro, componentes plásticos, tecido, tintas, colas e tantas outras), passou por um processo fabril que consumiu grande quantidade de água e energia (além da geração de resíduos potencialmente poluentes), recebeu um logotipo que, por representar uma empresa que investe pesadamente em *marketing* fez seu valor subir pelas paredes, e saiu da fábrica embalado em papelão, papel e plástico, destinados a aumentar a montanha de lixo que geramos diariamente. Sem falar que o mesmo par de sapatos ainda consumiu combustíveis fósseis durante o transporte, durou menos de seis meses (porque ficou fora de moda ou porque fora concebido para ser descartável e, assim, gerar a necessidade de uma nova compra) e, por fim, terminou a vida, com sorte, em um aterro sanitário.

Não importa se estamos falando de sapatos, aparelhos celulares, roupas, brinquedos, móveis, cosméticos, alimentos ou carros. Todo produto irá envolver impactos ambientais em um ou mais estágios de seu ciclo de vida, e sempre que levamos algo novo para casa estamos dizendo ao seu fabricante: continue produzindo que eu o apoio. É assim que as coisas funcionam. Se não aprovamos o trabalho escravo nas tecelagens chinesas, não deveríamos comprar roupas importadas cujos preços irreais só podem esconder descaso com os trabalhadores e, certamente, com o meio ambiente. Se consideramos que o lixo eletrônico é um problema, por que trocamos de celular a cada dois meses? Se queremos manter as florestas em pé, que sentido faz construirmos uma casa com madeira sem documento de comprovação de origem?

Parece óbvio, mas no dia a dia são poucas as pessoas que fazem dessa percepção (de que nosso consumo está diretamente ligado ao tipo de mundo que vemos ao nosso redor) uma prática real, ou seja, que conseguem transformar o consumo em um ato consciente, como um reflexo claro de suas crenças e visão de mundo. Atualmente, consumir é parte tão intensa e importante do cotidiano das pessoas, que é como se a vida não existisse no pouco tempo que sobra entre uma publicidade e outra, uma compra e outra, uma ida e mais outra ao *shopping center* ou ao salão de beleza.

O espírito do nosso tempo parece ser nutrido basicamente pelo consumo de bens, que segue seu rumo por uma curva ascendente e cada vez mais acelerada. Graças à mágica da obsolescência programada, um conceito criado para definir produtos fabricados para durarem pouco propositalmente, a população tem ido às compras com mais e mais afinco. Juntam-se a isso a moda e seus artifícios poderosos de mídia e, ainda, a ideia de que é preciso ter sempre o equipamento com a tecnologia mais avançada, ao contrário de nos contentarmos com aquela que poderia ser a mais apropriada para certo uso específico, ainda que não fosse a de última geração. Pronto: somando isso tudo, temos a receita infalível para uma pressão constante por consumismo, forte o suficiente para nos fazer ceder, ao primeiro deslize ou desatenção, à confusão entre necessidade e querer.

Somos todos consumidores, inevitavelmente. E mais que isso: tendemos inúmeras vezes ao consumismo ou consumo extravagante, isto é, que vai além das necessidades ou demandas reais (ainda que seja quase impossível definir o que são bens necessários a uma pessoa, pois isso depende de demandas individuais, coletivas, culturais e ambientais). Segundo Giacomini Filho (2008), mesmo que uma pessoa consuma dentro de padrões que poderiam ser encarados como restritos às suas "necessidades pessoais", se estes estiverem além do que suporta o sistema ambiental, serão considerados consumismo –

e, como muitas entidades no mundo inteiro têm demonstrado que já ultrapassamos todos os limites imagináveis de exploração dos recursos naturais, é possível concluir sem receios que, no atual estágio da humanidade, quase todo consumo pode ser considerado consumismo.

Todas essas aflições, no entanto, ganham um caráter menos importante diante do modelo econômico que predomina no mundo industrializado, no qual consumir virou sinônimo de bem-estar social, a despeito de inúmeras pesquisas científicas que têm, com ênfase, desvinculado aumento do consumo com melhorias na qualidade de vida das pessoas. Ao contrário, o que temos visto é a intensificação do abismo em que se encontram a desigualdade social e a depredação do meio ambiente.

Diante desse contexto, a necessidade de redução do consumo passa a ter forte relevância nas ecovilas que, como abordaremos na sequência, estão à procura de estratégias que apontem alternativas menos desastrosas e que sejam, ao mesmo tempo, uma mostra de que é possível viver bem sem precisar voltar para casa todos os dias com as mãos carregadas de sacolas de compras.

A RIQUEZA DA SIMPLICIDADE VOLUNTÁRIA

Em um pequeno vilarejo tradicional em algum canto isolado do planeta, um determinado grupo de pessoas cultiva os mesmo hábitos há gerações. Pela manhã, elas cuidam da horta, limpam suas casas, lavam roupa, alimentam os animais de criação. A pausa para o almoço reúne as famílias, que depois retomam suas atividades, geralmente ligadas à terra e a outros trabalhos manuais (artesanato, carpintaria, marcenaria, cerâmica, artigos têxteis, etc.). A paisagem é belíssima: é possível avistar um rio, áreas de floresta intocada, animais silvestres, campos cultivados, muitas cores e aromas. Ao final do dia, alguns moradores se juntam sob o luar para contar histórias ao redor de uma fogueira, talvez cantar e dançar. A mesma cena se repete ao longo dos dias, semanas, meses e anos.

Seria possível dizer que essas pessoas vivem de uma maneira mais simples – bucólica ou até primitiva, na visão de muitos de nós. Seu cotidiano revela um consumo mínimo de bens e serviços: quase tudo que permeia a comunidade é fruto do trabalho das pessoas, que constroem suas próprias casas, tecem suas roupas, cultivam e preparam seus alimentos, produzem música, arte, e assim por diante. De modo geral, elas dependem pouco da entrada de produtos industrializados ou de trabalhos e serviços terceirizados.

Outros, porém, poderiam alegar que se trata de uma comunidade pobre, em que a escassez está sempre presente e os sacrifícios, portanto, são inevitáveis. A outros olhares, ainda, aquele povo poderia representar uma parte do mundo que ainda não se desenvolveu, que ainda não foi "contemplada" com o crescimento econômico ou com aquilo que costumamos chamar de desenvolvimento.

Seja como for, fato é que esta comunidade provavelmente não conhece outra forma de viver e de se relacionar com o meio ambiente. Ela não *escolheu* viver daquela maneira, porque não teve contato com outros modelos de comportamento ou outro conjunto de valores sociais. Seu estilo de vida não é *intencional*, mas sim resultado de costumes e tradições que as mantiveram, por uma série de fatores, apartadas das novidades e seduções do mundo moderno. Assim, a chegada de novos elementos culturais – especialmente aqueles ligados ao consumo de itens que prometem mais conforto e praticidade – poderia modificar, em pouco tempo, o quadro criado por essas famílias há séculos. Ou, quem sabe, o acesso às novidades abriria a possibilidade de transformar o estado inconsciente de seu modo de viver em algo *consciente* e, portanto, *voluntário* – e, neste caso, a oferta de equipamentos eletrônicos, artigos da moda e carros esportivos, por exemplo, poderia não exercer muito efeito sobre a comunidade, pelo simples fato de não criar um desejo percebido pelas pessoas como uma nova necessidade.

Da mesma forma que as ecovilas são comunidades intencionais – como vimos no primeiro capítulo – porque seus integrantes escolhem conscientemente fazer parte do grupo e aceitar suas regras e seus princípios, também o consumo nesses assentamentos é algo que tende a passar constante e naturalmente pela consciência, isto é, por uma *reflexão* que envolve dosar as necessidades e os desejos de cada indivíduo, tendo em vista que nenhum tipo de consumo pode ser considerado inofensivo do ponto de vista ambiental.

É importante frisar que não se trata de optar por uma vida de sacrifícios e restrições. A ideia de uma vida com menos consumo está ligada, na verdade, a uma vida mais livre, em que seja possível recusar ou transformar antigos hábitos de consumo em prol de um cotidiano mais leve, menos apressado e sufocado por compromissos sem sentido ou por um trabalho que não traz mais prazer e satisfação – mas que costumava ser a fonte de renda para as compras que promoviam, até então, a efêmera sensação de que o dinheiro compra felicidade.

Além disso, o contato maior que se estabelece com a natureza e seus elementos (a terra, as fontes de água, os animais, etc.), bem como o tempo livre que surge em maior grau nessas comunidades é, não raras vezes, motivo de um profundo sentimento de bem-estar e também um impulso extra para o desenvolvimento de habilidades manuais e artísticas, por exemplo, que antes não tinham espaço para se manifestar.

Ao perceberem que é possível viver bem com menos, ou seja, criar um ambiente externo mais simples, os moradores das ecovilas alcançam um estado interno mais rico e pleno de sentido, fortalecido pela experiência de uma vida comunitária que envolve trocas de saberes, produtos e serviços.

Dessa maneira, o fato de não consumirem tantos bens não torna o cotidiano monótono ou empobrecido de experiências. Ao contrário, intensifica as relações interpessoais, criando um ambiente fértil de ideias, partilhas, vivências, criatividade, artes, ofícios e aprendizados constantes. É por esta razão que boa parte dessas comunidades adota atitudes frente ao consumo que cabem muito bem no conceito que Elgin (1993) caracteriza como *simplicidade voluntária*:

> Viver mais voluntariamente significa viver com mais deliberação, intenção e propósito – em suma, uma vida mais consciente. (...) Podemos descrever a simplicidade voluntária como uma maneira de viver que é exteriormente mais simples e interiormente mais rica, um modo de ser no qual nosso eu mais autêntico e vital é posto em contato direto e consciente com a vida. Este modo de vida não é um estado estático a ser alcançado, mas um equilíbrio dinâmico que deve ser tornado real contínua e conscientemente. (Elgin, 1993, p. 22)

Essa busca por uma vida mais simples ocorre no dia a dia e, quanto mais incorporada ela estiver, mais natural e prazerosa ela será – como na história que diz que Sócrates costumava passear pelo centro comercial de Atenas para observar quantas coisas existiam e das quais ele não precisava para ser feliz.

Segundo a autora, ainda que não seja possível estabelecer uma fórmula dogmática capaz de definir o que significa, na prática, adotar a simplicidade voluntária, é possível dizer que há um padrão geral de comportamentos e atitudes que, frequentemente, está associado às pessoas que optam por este caminho. Entre eles, Elgin menciona o uso do tempo livre conquistado pela rotina menos complicada em atividades com a família e com os amigos, como caminhar, desenvolver dons artísticos ou compartilhar as refeições; o empenho no desenvolvimento de um leque mais amplo de seus potenciais mentais, artísticos e espirituais, a partir, respectivamente, do compromisso com um aprendizado contínuo, da expressão mais plena da capacidade criativa e da busca por uma mente mais calma e um coração compassivo; e uma ligação mais estreita com a natureza, que se revela em práticas de cuidados com a Terra.

Também fazem parte desse viver mais simples atitudes como a redução do nível de consumo pessoal. Nesse sentido, é comum que essas pessoas comprem menos roupas, já que não se prendem a novidades passageiras e prefiram artigos mais duráveis e funcionais, e gastem menos com cosméticos, pois tendem a ter uma concepção de beleza e estética que não segue tendências ou modismos. Doar ou vender objetos que são pouco utilizados em casa e que poderiam ser úteis a outras pessoas (tais como roupas, livros, móveis, eletrodomésticos, ferramentas, etc.) é outra atitude bastante comum, que também ajuda a tornar a rotina doméstica mais fácil, uma vez que as casas tendem a ser mais organizadas sem tantas quinquilharias para ocupar espaço, complicar a faxina ou ser motivo de perda de tempo em buscas intermináveis.

Com relação à interação com os outros, a simplicidade voluntária com frequência leva seus "adeptos" a envolverem-se em causas humanitárias e a buscar um modo de vida que possa contribuir diretamente para o bem-estar das pessoas e o equilíbrio do meio ambiente. Coerentemente, para os deslocamentos pelas cidades e mesmo nas distâncias maiores, elas preferem os transportes coletivos, o rodízio entre vizinhos, as caronas solidárias, a bicicleta e as caminhadas.

Muitas dessas iniciativas e comportamentos voluntários podem ser vistos entre integrantes de ecovilas. Para ilustrar um pouco essa ideia de uma vida em que a simplicidade é um valor e seu exercício é, na verdade, um enorme prazer, selecionei, a seguir, alguns exemplos e pequenas histórias de comunidades que transformam a reflexão atenta sobre o consumo em oportunidade de crescimento pessoal, descoberta de novas habilidades e um viver com mais liberdade, fraternidade e autonomia.

ECOVILAS E O PRAZER DAS COISAS SIMPLES

Sem dúvida, a visita que fiz à ecovila Findhorn, na Escócia, anos atrás, rendeu-me muitas histórias inesquecíveis e uma certeza: ambientes acolhedores geram soluções criativas e sustentáveis para os desafios que surgem durante o caminho. Empreender uma jornada de vida comunitária sem fórmulas ou receitas prontas incentiva e mobiliza as pessoas a serem mais abertas a ideias inovadoras, ainda que aparentem ser absolutamente singelas. É este o caso da casinha construída na comunidade para servir como uma espécie de guarda-roupa coletivo, em que é possível encontrar muitos agasalhos de inverno, luvas e gorros de lã, camisetas, vestidos, sapatos, cachecóis e muito mais. Tudo é deixado ali por moradores e visitantes do mundo inteiro, que doam as peças que estavam sem uso em casa e, assim, não apenas dão vida nova a esses produtos, como também mantêm uma prática de ajuda solidária que permite renovar parte do armário de tempos em tempos e, ainda, evitar as compras.

A porta da casinha nunca é trancada e a ideia somente funciona porque as pessoas colaboram e se acostumam a pegar do armário comunitário apenas o que realmente precisam, por ocasião de um frio intenso não esperado (no caso dos visitantes) ou de uma festa ou evento social em que desejam usar uma roupa diferente – que, provavelmente, depois de usada e lavada retornará à casinha para ficar à disposição de quem precisar. Ao compartilharem e manterem em casa armários mais enxutos, aquelas pessoas percebem que é possível vestir-se bem, com conforto e beleza, sem ter de investir dinheiro todo mês ou ficar de olho em revistas de moda para checar as últimas tendências.

Além disso, esse pequeno gesto de gentileza comunitária cria uma maneira curiosa de estabelecer conversas espontâneas entre o grupo, já que as pessoas com frequência não resistem ao ver alguém usando uma roupa que elas haviam deixado na tal casinha. O ato de se vestir ganha histórias de afeto, vira pretexto para trocas de experiências e estreitamento de vínculos afetivos.

Em Findhorn, há ainda um mural enorme, instalado na entrada do centro comunitário, no qual os moradores e visitantes mais frequentes anunciam serviços disponíveis para trocas diretas, ou seja, um serviço por outro serviço. Outras comunidades também contam com esse tipo de estratégia de economia solidária. Funciona assim: cada um, individualmente, reflete sobre suas próprias habilidades e possibilidades de ofertas ao grupo. Depois, vai até o mural e deixa um anúncio, tal como "dou aulas de tango" ou "que tal aprender receitas da culinária vegetariana?" ou ainda "ofereço-me como cuidadora de crianças". Esse tipo de ação solidária gera uma diversidade cultural muito interessante.

Em um primeiro momento, é curioso notar que nem todas as pessoas oferecem serviços no mural, porque não acreditam que tenham algo a oferecer. Com o desenvolvimento da estratégia, no entanto, ocorre uma rica reflexão interna sobre talentos e saberes acumulados ao longo da vida. A dona de casa descobre que seus dotes de costureira podem render aulas vespertinas deliciosas, regadas a chás e conversas gostosas.

O marceneiro percebe que seu dom de transformar madeira em móveis é desejado por muitas pessoas. O estudante que adora fotografia cria caminhadas fotográficas para ensinar sua arte. A avó que se diverte contando histórias aos netos pode fazer do *hobby* uma vivência divertida, estendida a outras pessoas.

Dessa forma, a comunidade consegue criar atividades interessantes para todos sem envolver dinheiro e, ao mesmo tempo, aumentar a autoestima das pessoas, desenvolver novos dons artísticos, incentivar grupos de trabalho e estabelecer uma rotina comunitária rica em infinitas possibilidades. Além disso, não fazer distinção de valores para cada um dos serviços – como normalmente acontece – evoca nas pessoas a qualidade especial de entender que todo conhecimento é importante e dispensa hierarquias.

Por fim, o tempo costuma ser bom aliado das trocas comunitárias. Ele ajusta as demandas e as ofertas e equilibra ansiedades antes geradas com o antigo pensamento que vinculava serviços a pagamentos em dinheiro. Mesmo as famílias que têm uma renda mensal muito pequena conseguem acesso a um conjunto enorme de aprendizados, permeados por relações interpessoais que têm no afeto, na confiança e na amizade suas maiores qualidades. Por esta razão, o tempo também desperta nos ecovileiros o hábito de oferecer serviços sem a necessidade ou a expectativa da troca imediata. Em uma tarde de sábado, uma moradora organiza um encontro para ensinar aos vizinhos algumas técnicas de jardinagem, por exemplo. Na semana seguinte, o bioconstrutor da ecovila promove uma manhã com aulas sobre como fazer tijolos de barro e palha, em um ato de doação voluntária de trabalho e saberes, que ambos sentem como parte integrante de uma vida mais simples, na qual a gratidão é celebrada em ações espontâneas e autênticas.

Muitas ecovilas cultivam a prática de promover feiras de trocas de produtos e serviços, restritas aos moradores ou abertas para a população do entorno, e que podem incluir o uso de uma moeda complementar solidária para facilitar as transações durante o evento. Nessas feiras, o objetivo é buscar em casa toda sorte de itens que estão apenas ocupando espaço, sem uso, mas ainda em bom estado e aptas a serem úteis a outras pessoas. Assim, elas reúnem de tudo um pouco: roupas, bolsas, sapatos, brinquedos, livros, móveis, eletrodomésticos, artesanatos, bijuterias, artigos esportivos, objetos de decoração, louças, entre muitos outros.

Nas feiras que contam com moeda própria, comum nas ecovilas em que existe a troca de produtos produzidos localmente, é mais fácil encontrar também alimentos caseiros (geleias, compotas, bolos, pães, queijos, tortas, etc.), itens de artesanato (tapetes, cosméticos naturais, incensos, cerâmicas, velas aromáticas, etc.) e pessoas oferecendo diversos tipos de serviços, de massagens e terapias holísticas a aulas de ioga, idiomas e marcenaria.

O preço dos produtos não necessariamente segue o que seria estipulado pelo mercado. Muitas vezes, o fato de um produto não ter mais uso para alguém o torna naturalmente mais barato, uma vez que, na prática, ele não tem mais valor para quem está querendo trocá-lo.

É interessante notar a alegria das pessoas que participam dessas feiras. Estar ali implica ter passado por um processo de desapego e "limpeza" da casa, que costuma ser muito prazeroso, por trazer consigo uma sensação de leveza e de liberdade (quanto menos você precisa, mais livre se torna). Além disso, levar produtos sem uso e voltar com artigos que serão úteis, sem ter de comprá-los em lojas, investir dinheiro – que significa algumas horas de trabalho – ou consumir mais recursos naturais tende a proporcionar muita satisfação. Contar com o apoio da comunidade para as trocas, gerando um ambiente de solidariedade e partilhas afetuosas, enriquece a vida na ecovila, multiplicando as possibilidades de consumo consciente e menos agressivo ao meio ambiente.

Todas essas práticas não precisam se encerrar nas comunidades sustentáveis. Condomínios convencionais, associações de bairro, entidades do terceiro setor e até governos podem tirar proveito delas para criar novas experiências de consumo consciente, solidariedade e ambientes que favoreçam a reflexão sobre hábitos e comportamentos arraigados na sociedade – mas que merecem a chance (e a necessidade) de transformação.

POR UM OUTRO IMAGINÁRIO PARA A HUMANIDADE

As ecovilas são comunidades em constante formação e desenvolvimento. Elas são, cada uma à sua maneira, como grandes laboratórios de novas possibilidades para o século XXI. Assim como elas, há incontáveis projetos de sustentabilidade espalhados pelos quatro cantos do planeta. A diferença ou o ponto forte delas é sua capacidade – e, ao mesmo tempo, desafio – de reunir em um único "experimento" os mais diversos aspectos que podemos imaginar como parte dessa tentativa de se buscar um mundo mais sustentável.

Essas experiências reais de uma vida menos pesada para a Terra incluem o planejamento de um determinado espaço, a construção de sua infraestrutura, a criação de condições básicas e mais autônomas de acesso à água, à energia e ao saneamento, o desenvolvimento de uma produção local de alimentos livres de agrotóxicos e de práticas poluentes, a formação de um grupo a partir de propósitos que devem estar claros a todos, um conjunto de valores a partir dos quais a comunidade estabelece estratégias que possam ser cada vez mais coerentes com o discurso, além de características e reflexões relacionadas à cultura, à economia, à saúde e à educação.

As ecovilas são como um enorme caleidoscópio de ideais para um mundo novo, uma civilização mais sintonizada com o meio ambiente, mais afinada com seus pares, mais consciente dos efeitos que suas ações provocam ao seu redor. Suas conquistas vão muito além das soluções sustentáveis que elas desenvolvem, por mais que muitas delas tenham mérito em si. Na verdade, é nas relações humanas e na interação com o meio ambiente, ou seja, no fazer e no agir cotidianos, que está sua missão de descobrir – por meio da vivência concreta – a viabilidade de pesquisas tecnológicas e científicas que estão sendo desenvolvidas como depositório para novos caminhos para a humanidade.

De nada valeriam se fossem comunidades fantasmas, pequenas cidades artificiais, feitas de máquinas que trabalhassem sozinhas ou de pessoas infelizes e descontentes. A noção de sustentabilidade que surge com as ecovilas não segrega as pessoas das tecnologias verdes ou de quaisquer outras ferramentas criadas por elas para servirem de teste nesse caminho rumo à redução das agressões ao meio ambiente. Não. Não se trata de um modelo pronto, replicável em qualquer lugar e por quaisquer pessoas. Este deve ser construído de forma coletiva, caso a caso, respeitando e observando o lugar em que se está e as condições objetivas e subjetivas que formam um todo complexo e orgânico.

Em cada experiência de assentamento sustentável, seus integrantes terão de desenvolver mecanismos para a tomada de decisões em grupo, o que deve ocorrer, idealmente, da forma mais transparente, participativa e inclusiva possível. Talvez esta seja ainda uma fragilidade dessas comunidades, uma vez que criar novas estruturas de comportamento para serem sobrepostas a uma sociedade (e seus indivíduos) que já tem suas próprias regras e valores envolve esforço, disponibilidade para o aprendizado em grupo e, não menos importante, tempo para amadurecerem.

Só para ilustrar, compartilho uma experiência curiosa ocorrida na ecovila nômade Caravana do Arco-Íris pela Paz, formada por representantes de ecovilas de vários países. Certa vez, um dos integrantes me explicou que a comunidade costuma designar uma pessoa nas reuniões para atuar no papel de "voz da natureza": ela recebe a tarefa de ouvir e apreciar os temas em pauta, ponderar suas opiniões e expô-las ao grupo como se fosse a própria natureza (ou parte dela, como um rio, uma floresta ou a fauna local). Por exemplo, se a discussão fosse sobre a construção de uma nova tenda para as atividades coletivas, "a natureza" iria pensar que local seria mais adequado por não envolver o corte de árvores ou perturbações à fauna, ou, dependendo do caso, poderia mostrar-se simplesmente contrária à ideia.

O exercício, ainda que possa parecer um tanto estranho, materializa a intenção da comunidade de envolver as questões socioambientais em todas as suas iniciativas, com peso tão importante quanto as pessoas. Assim, a Caravana tenta derrubar ou enfraquecer a hierarquia comumente estabelecida entre a humanidade e o meio ambiente, colocando-o no mesmo patamar e com voz atuante em suas rodas de diálogo.

Muitas ecovilas buscam sistemas híbridos de tomada de decisões, reunindo esferas diferentes para cada tipo de resolução comunitária. Algumas delas ocorrem em grupos menores, de técnicos, de gestores ou de anciões, por exemplo. Outras podem ser tomadas por uma única pessoa, a quem a comunidade confiou determinada tarefa ou saber. Outras, ainda, requerem a participação de todos os integrantes e, em alguns casos, mensurada a importância da proposta a ser discutida, exigem a aprovação mínima de 80% ou até mesmo de 100% dos moradores. Parte-se, portanto, da ideia de que se a sociedade "externa" não está funcionando bem, transformá-la ou construir algo diferente em paralelo (que possa ser mais razoável) implica também investir em meios que não sejam parte dos problemas – mas que possam realmente ser inovadores, ainda que tenham raízes originais em práticas adotadas séculos antes, em alguma aldeia remota no tempo e no espaço.

Infelizmente, conflitos interpessoais são a causa mais comum de desarranjos entre as ecovilas que desistiram da caminhada. Uma vida em comunidade pressupõe a transformação de sonhos individuais em metas coletivas. Termos como sustentabilidade, ecologia, vida em contato com a natureza ou simplicidade são vastos campos sujeitos a interpretações pessoais que variam tanto quanto o número de pessoas envolvidas. Uma vida mais simples ou mais autônoma significa coisas distintas dentro do mesmo grupo e lidar com as frustrações e desilusões nem sempre é algo fácil, viável ou transponível. Ainda assim, muitas comunidades conseguem criar estratégias de prevenção e também de resolução de conflitos partindo da premissa de que eles virão, em um tempo ou outro.

Outro desafio bastante presente nas ecovilas diz respeito à fixação dos jovens que, atraídos pelas seduções do "mundo externo", muitas vezes deixam suas famílias e seguem rumo à vida na metrópole. O resultado é o envelhecimento das populações das ecovilas, fato que acaba por restringir parte dos trabalhos que exigem mais disposição e energia física. Da mesma maneira, a educação das crianças requer atenção. Algumas comunidades apostam em escolas dentro de seus territórios, com pedagogias alternativas que conciliam currículos convencionais exigidos pelo governo e atividades complementares que inserem mais fortemente os valores e a visão de mundo que elas tentam reproduzir em atos e práticas.

Mas também o isolamento em uma "bolha" separada da sociedade não é saudável, assim como frequentar uma escola fora da comunidade possa se tornar motivo de constrangimentos e desconfortos.

Ainda que tenham se estabelecido como assentamentos humanos, as ecovilas, de modo geral, não se encaixam em uma figura jurídica existente. Elas não são condomínios, nem loteamentos, nem clubes ou associações. Portanto, muitas leis vigentes em seu território geram limitações para algumas inovações que elas possam vir a querer experimentar. Em um primeiro momento, é necessário seguir as normas impostas e, a partir daí, mobilizar mais pessoas para tentar criar alterações capazes de dar suporte a ideias que não estavam previstas em lei.

Cada vez mais, as ecovilas estão sujeitas a interações inevitáveis com a sociedade, à medida que se tornam menos insulares e mais conectadas à vida que acontece fora de suas fronteiras – por conta de seus pequenos negócios, pela interação com seus visitantes ou pelos meios de comunicação. Lidar com essa questão é algo que tem gerado crises e oportunidades de reflexões profundas, especialmente entre as pioneiras, que nasceram como comunidades alternativas ou pacifistas, por exemplo, e, ao longo de sua trajetória, passaram a estreitar os laços com o mesmo mundo no qual elas, outrora, recusaram-se a viver.

Os atuais desafios ambientais têm gerado em muitas ecovilas um desejo de expandir suas fronteiras, ligando-se mais a questões que possam envolver um contingente maior de pessoas. Isso tem dado uma função relativamente nova às ecovilas: a de serem interlocutores de mudanças em outros territórios. Assim, para uma comunidade instalada em uma determinada cidade (mesmo que seja na zona rural), participar de processos de discussão sobre o planejamento de seu crescimento, sobre um Plano Diretor ou sobre leis que tenham impactos diretos sobre o meio ambiente local assume especial relevância.

É por isso que muitos representantes de ecovilas têm trabalhado com governos e entidades não governamentais em assuntos ligados ao desenvolvimento sustentável, à transição de bairros e cidades para modelos menos dependentes do petróleo ou de outras fontes de energia não renovável, e à elaboração de metas de redução das emissões de CO_2. Antigos *hippies* e *designers* de comunidades assumem agora o papel de lideranças transformadoras, passando a ter mais voz na sociedade.

Recentemente, a Rede Global das Ecovilas reformulou, mais uma vez, a definição usada para o termo ecovila como sendo uma comunidade intencional ou tradicional planejada conscientemente em uma propriedade, com processos participativos para a regeneração social, ambiental e cultural. Elas agora não falam apenas em construir pequenos mundos onde antes não havia nada, mas também em restaurar lugares, sociedades e manifestações culturais degradados, mostrando uma propensão maior para o trabalho que possa gerar impactos mais diretos e que transcendam seus limites territoriais.

Outra visão que faz parte dessa nova fase no movimento das ecovilas está ligada à noção de resiliência, ou seja, a capacidade que um assentamento deve ter de resistir mais bravamente às adversidades e de retomar o rumo mais rapidamente após alguma perturbação externa (como um tsunâmi ou uma grande tempestade, por exemplo). Desse modo, as ecovilas têm apostado na ideia de que construir ou reconstruir comunidades, sustentando-se em fortes bases de autossuficiência, autonomia e soluções ecológicas, pode ser um caminho mais interessante para atravessar as atuais crises com mais fôlego e poder de resposta.

Ainda que apresente fragilidades e desafios, as ecovilas têm se mostrado ao mundo como sementes importantes de boas práticas para a humanidade. Em 2007, a escocesa Findhorn divulgou os resultados de um rigoroso estudo feito para saber a pegada ecológica da comunidade, cujo conceito calcula a área do planeta Terra que seria necessária para suprir os padrões de consumo (incluindo o lixo) e o estilo de vida de seus moradores e também visitantes. A pesquisa, realizada em parceria com o Instituto Ambiental de Estocolmo, revelou que a ecovila obteve a menor pegada ecológica já registrada no mundo desenvolvido, equivalente à metade da média atingida pelo Reino Unido. Nas áreas de habitação e aquecimento e de alimentos, a pegada de Findhorn foi ainda mais baixa: 21,5% e 37%, respectivamente, em relação à média britânica.

Mas, de tudo que vimos até aqui, talvez o ponto essencial dentre aqueles que as ecovilas podem oferecer à humanidade (e, portanto, a cada um de nós) seja a qualidade de recusar, pelo exemplo, o imaginário único e monocultural que criamos para a humanidade. A voz dominante no mundo contemporâneo fala em megalópoles, trabalho assalariado, lazer atrelado ao consumo, comida rápida e remédios para todos os males. Seu discurso é tão poderoso que boa parte da população sequer questiona se haveria outro modo de viver, ou mais especificamente, de *pensar* e de *imaginar* a própria vida.

Em meio a tantos dilemas e cenários desafiadores, possibilitar a chance de sair do estado de apatia generalizada que não enxerga outra saída a não ser reformar o barco aqui e ali ou, quando muito, reduzir a velocidade de seu deslocamento para poluir menos e por mais tempo, significa o primeiro grande passo de uma jornada jamais *imaginada* fora de contextos rotulados como ingênuos, românticos ou utópicos. É a capacidade de vislumbrar outro mundo que cria a vontade de caminhar em direção a ele.

BIBLIOGRAFIA

BANG, Jan Martin. *Ecovillages: a Practical Guide to Sustainable Communities*. Gabriola Island: New Society, 2005.

CARAVITA, Rodrigo I. *Somos todos um: vida e imanência no movimento comunitário alternativo*. Campinas: Unicamp, 2012.

CHRISTIAN, Diana Leafe. *Creating a Life Together: Practical Tools to Grow Ecovillages and Intentional Communities*. Gabriola Island: New Society, 2003.

DAWSON, Jonathan. *Ecovillages: New Frontiers for Sustainability*. Dartington: Green Books, 2006.

DURKHEIM, Emile. *A divisão do trabalho social. Vols. 1 e 2*. Lisboa: Presença, 1989.

ELGIN, Duane. *Simplicidade voluntária*. São Paulo: Cultrix, 1993.

ESTEVES, Luciano M. *Meio ambiente & botânica*. São Paulo: Editora Senac São Paulo, 2011.

HONORÉ, Carl. *Devagar*. Rio de Janeiro: Record, 2007.

GIACOMINI FILHO, Gino. *Meio ambiente & consumismo*. São Paulo: Editora Senac São Paulo, 2008.

GIRARDET, Herbert. *Creating Sustainable Cities*. Dartington: Green Books, 2003.

KINGSOLVER, Barbara. *O mundo é o que você come*. São Paulo: Ediouro, 2008.

MELTZER, Graham. *Sustainable Communities: Learning from the Cohousing Model*. Victoria: Trafford, 2005.

MENDONÇA, Rita. *Meio ambiente & natureza*. São Paulo: Editora Senac São Paulo, 2012.

PETRINI, Carlo. *Slow food: princípios da nova gastronomia*. São Paulo: Editora Senac São Paulo, 2009.

SHIVA, Vandana. *Monoculturas da mente*. São Paulo: Gaia, 2003.

TÖNNIES, Ferdinand. *Community and Society*. Mineola: Dover, 2002.

WALDMAN, Maurício. *Meio ambiente & antropologia*. São Paulo: Editora Senac São Paulo, 2006.

SOBRE A AUTORA

GIULIANA CAPELLO, jornalista formada pela Faculdade de Comunicação Social Cásper Líbero, atua como *freelancer* na área ambiental, principalmente com construções sustentáveis, *design* ecológico e comunitário, ecovilas e consumo consciente. Na Editora Abril, é blogueira do movimento Planeta Sustentável, com o blog Gaiatos e Gaianos, e colaboradora de diversas revistas. Tem formação de radialista, curso técnico de guarda-parque e especialização em ecoturismo.

Trabalhou como monitora ambiental voluntária em programas de educação ambiental nos parques estaduais da serra do Mar (Núcleo Curucutu) e da Cantareira (Núcleo Engordador), em São Paulo.

Na área de *design* de comunidades, cursou o currículo Gaia Education, elaborado pelo Global Ecovillage Educators for a Sustainable Earth (Geese), grupo de educadores ligados à Rede Global de Ecovilas (GEN) que reúne as melhores práticas e experiências das ecovilas em todo o mundo. É também permacultora, tendo feito o curso de *design* em permacultura (PDC) no Instituto de Permacultura e Ecovilas da Mata Atlântica (Ipema).

É moradora da Ecovila Clareando, em Piracaia, São Paulo, onde integra um grupo de trabalho que promove cursos nas áreas de bioconstrução, saneamento ambiental e vida sustentável, em parceria com outros profissionais e consultores especializados.